U0559245

无国界咖啡人

世界咖啡店—城市灵魂系列

这是一套

全球咖啡品牌发展性研究丛书

无国界咖啡人公共号

纽约·咖啡

刘博（ADORA）著

李越（LCEE）摄影

上海文化出版社

NEW YORK COFFEE

IRVING FARM NEW YORK
224 W 79th St. New York, NY 10024

CENTRAL PARK

LITTLE COLLINS NYC
667 Lexington Ave .New York, NY 10022

JOE COFFEE COMPANY
131 W 21st St. New York, NY 10011

GROUND CENTRAL COFFEE COMPANY
155 E 52nd St. New York, NY 10022

INTELLIGENTSIA COFFEE
180 10th Ave. at 20th St. New York, NY 10011

MANHATTAN

NINTH STREET ESPRESSO
75 9th Ave.NY 10011

ABRAÇO NYC
81 E 7th St. New York, NY 10003

STUMPTOWN COFFEE ROASTERS
30 W 8th St. New York, NY 10011

EVERYMAN ESPRESSO
136 E 13th St .New York, NY 10003

LA COLOMBE COFFEE ROASTERS
400 Lafayette St. New York, NY 10003

COFFEE PROJECT NEW YORK
239 E 5th St .New York, NY 10003

MCNALLY JACKSON BOOKS
52 Prince St. New York, NY 10012

GIMME! COFFEE
228 Mott St. New York, NY 10012

HAPPY BONES NYC
394 Broome St. New York, NY 10013

COUNTER CULTURE COFFEE
376 Broome St .New York, NY 10013

Kaffe Landskap NYC/ (Kaffe 1668)
275 Greenwich St. New York, NY 10007

SPREADHOUSE CAFE
116 Suffolk St. New York, NY 10002

MAMAN NYC
239 Centre St .New York, NY 10013

LITTLE SKIPS
941 Willoughby Ave. Brooklyn, NY 11221

BROOKLYN

寻找咖啡中的中国味蕾

咖啡是世界三大无酒精饮料之一。随着我国的改革开放，人民群众尤其是青年群体的消费不断升级，我国咖啡消费迅猛增长，咖啡行业在激烈的市场竞争中进入快速发展期。

《逆光之城》是一套专注于城市咖啡店的系列书籍的首发作品，它有别于解读吧台、咖啡、空间设计、店主的传统故事，也有别于对咖啡品种、品质、品牌培育发展以及经营方式、资本市场等创新模式进行研究探索的书籍。作者从深化咖啡文化认识的崭新角度，以丰富的案例纵览整个咖啡行业，叙说咖啡从业者对咖啡的无限热忱，展现优秀咖啡店成长与发展的艰辛历程，为国内咖啡店的发展创造经典案例，为咖啡行业的发展提供有价值的启示。

咖啡，作为世界性大众饮品，起源于非洲，起步于中亚阿拉伯，发展于欧洲，兴盛于美洲，经近七个世纪的发展，基本完成其行业链条的产业化与系统化进程。咖啡的历史进程向我们揭示：咖啡融合了世界各个区域的社会文化、生活习惯等要素，进而完成其从种植到消费的全产业链，故咖啡早已不再是某个地区的特色饮品，而是真正的全球性饮品。

随着咖啡在中国的快速发展，中国咖啡从种植、贸易、烘焙到消费等全产业链日趋完善。同时，中国消费者也正在逐渐摆脱以往的咖啡认知误区，完善和提升对咖啡功能和文化的认识。在咖啡与健康领域，从科学合理饮用咖啡帮助提高工作效率，到真正精品咖啡"不苦"的味觉享受，咖啡还能促进新陈代谢、清理身体垃圾等，有益于身体健康；在咖啡与文化领域，咖啡不应是少数人享用的奢侈品，而是普通百姓的日常饮品。作为咖啡重要商业形态的咖啡店，与茶馆一样是承载其所在区域文化、便捷人们生活、进行社交与商务活动的饮品供应空间。当然，咖啡在中国的迅速发展，不仅得益于中国从古至今对于各类文化的尊重与包容，多元共存、相融新生的文化胸怀，也是咖啡易于融入世界各地区、各民族文化内涵的特性所在。因此，当咖啡店如雨后春笋般在各座城市大街小巷出现时，作为咖啡从业者该去思考：咖啡如何与中国文化相融合？咖啡店如何身入社区、心入民间体现中国特色？咖啡人如何弘扬中国精神，形成中国咖啡的味觉观？只有探索与解决让咖啡融入中国人日常生活的实际问题，才能实现中国咖啡文化自身的魅力、传播力、影响力和普及力。

　　这本书揭示出，虽然咖啡首先是作为一种深受普通大众喜爱的饮品而存在，但我们应该看到该行业的从业者们对咖啡品质的不断追求所付出的巨大心血，而咖啡店也不只是一个供给饮品的物理空间，更是集合着城市各区域历史及社会文化的承载。为实现咖啡融入中国的社会文化，创建彰显中国精神的咖啡店和咖啡品牌，探寻中国特色的咖啡生活方式，我们需要博采众长，吸取各地、各国先进的咖啡生产经营经验和文化体验，进行中西方文化的融合。

　　如何寻找咖啡中的中国味蕾？《逆光之城》一书的作者刘博，是一位拥有专业咖啡从业资质及品牌战略运营经历的从业者，并多年进行全球咖啡品牌发展性研究。为创作本书，她历经五年深入实地考察，完成了全美 300 多家优秀咖啡店的研究，将全球最优秀的咖啡店的创新模式与文化甄选一并展现。作者对咖啡行业的全新分析与思考，为咖啡行业的发展注入新的源动力。

　　发展我国咖啡行业还面临许多新的课题和新的挑战，也期待本书能够为行业发展起到应有的启迪和指导作用。我们期待看到这个系列书籍的后续作品为中国咖啡行业带来新启发，也希望更多像作者一样的思考者为中国咖啡行业细分领域贡献自己的真知灼见，共同推进中国的咖啡行业健康科学发展，为人民群众美好生活增添新的芬芳和力量。

步正发

2020 年 10 月

步正发

中国轻工业联合会原会长
历任人事部副部长，中共江西省委副书记，
劳动和社会保障部副部长，第十一届全国政
协提案委副主任等职务。

推荐语

作为咖啡从业者，和很多有咖啡梦想的人一样，进入这个行业是受喜欢的咖啡店所影响。2004年，当我第一次走入埃塞俄比亚首都亚的斯亚贝巴的一家咖啡店时，它现场烘焙咖啡、售卖咖啡生熟豆等方式，深深地吸引了我，成为我进入咖啡行业的灵感。

咖啡行业的产业链相当长，参与其中的咖啡人，很多现在正在从事着咖啡相关的种植、贸易、烘焙、培训等方面的工作，而非经营咖啡店。但是我问过其中很多人，他们最终的咖啡梦想是什么，答案都是想开一家成功的咖啡店。

咖啡店，既是许多人咖啡梦想的起点，又是许多人咖啡梦想的终点。去到每个城市，拜访当地有特色的咖啡店，已经成为了我们很多人的生活习惯。

数年前，认识《逆光之城》作者刘博的时候，她说要写一本关于美国咖啡店的书。这些年间每次遇到她，都会问一下她的进度，答案总是还在写。我经常开玩笑说，等她的书出来，很多咖啡店都该倒闭了吧。所幸的是，美国有特色的精品咖啡店生命力还是非常顽强的。

最近终于看到刘博完成的书稿，从中看到了作者的用心，明白了为何此书的写作需要如此长的时间。和市面上很多常见的介绍咖啡店的书籍不同，由于作者本身就是专业的咖啡从业者，国际精品咖啡协会（SCA）的讲师，因此对于咖啡店的介绍，加入了很多专业角度的理解，真正能够抓住咖啡店主人在咖啡专业方面想要呈现给消费者的内容。

无论是NINTH STREET ESPRESSO的"简少杯量""抛弃名称"，还是COUNTER CULTURE COFFEE的"免费公众咖啡品尝活动"，都从专业的咖啡从业者角度，向读者呈现了店主人的专业用心。

阅读此书，也能为我们正在经营咖啡店或者期望开一家咖啡店的读者，带来一些灵感。我们咖啡人一般都会过度关注产品品质，而陷入自认为的专业中，但怎么能够让消费者理解和感受到，我们对咖啡品质的专业执着，找到合适的定位，这是一个很大的挑战。此书也为我们展示了美国咖啡专业从业人员的一些尝试。

非常遗憾当年去纽约的时候没有看过书稿，让我错过了很多有趣的咖啡店，下次有机会再去的时候一定会带着此书。

魏凌鹏

2020 年 11 月

魏凌鹏

S.O.E 八平方咖啡品牌创始人
WBC 世界咖啡师大赛国际评委
世界咖啡师大赛中国赛区 CBC 评委、裁判长
2017 世界咖啡师大赛中国赛区冠军总教练
国际精品咖啡协会 SCA 讲师
国际咖啡品质鉴定学会 CQI Q-Grader 咖啡品鉴师

推荐语

　　咖啡，是一种全球通用的语言。无论你置身纽约还是北京，总能轻松地找到一家咖啡店去享受一杯咖啡，不知不觉，你已走进城市深处并沉浸于街间万象中……咖啡店更拉近了我们与城市的距离——体验本地人的生活、感受当地社区的人情、融入地域的风情文化，这何尝不是一种探索城市的最佳路径？

康妮·布鲁姆哈特

(Connie Blumhardt)

2020 年 11 月于美国波特兰

康妮·布鲁姆哈特

(Connie Blumhardt)

全球著名咖啡专业杂志《烘焙》(*Roast*)

《每日咖啡新闻》(*Daily Coffee News*)

创办者与发行者

初识刘博是在 2013 年的一场国际咖啡杯测会。我们因为咖啡欢畅交流，因为共同的成长背景而彼此赞赏。我聆听她的大爱，欣赏她的胆识。

时隔七年，带着二十五年专注于咖啡领域的经验，我阅读了《逆光之城》，感慨万分。我看到她以独特视角透视每一家咖啡店，"逆光"审视每一种咖啡文化，如此多维度的细节探究，让这本书丰满而深邃。这是一本能够开启全新的国际咖啡视野、看到不同文化背景下咖啡人的经营之道、赞美咖啡人生的读物。

想起几年前她与美国咖啡业界人士的深度访谈，她说起"无国界咖啡人"的品牌愿景与使命，眉目间烁烁闪动着坚定。我想，她也许是那个能为中国咖啡带入全新理念的精灵吧。

阅读这本书，时而似一杯丝滑的卡布奇诺，时而似一杯精致的手冲咖啡，时而眼前浮现一道咖啡的彩虹，融入点滴时光，无声而温暖！

白芳

2020 年 11 月

白芳

Fun's Choice（趣选）创始人、国际寻豆师
中国"咖啡师"国家标准专家编制组专家
世界虹吸壶咖啡大赛 WSC 中国协调官、国际评委
世界咖啡领袖论坛 WCLF 2013 年度 中国发言人
欧洲精品咖啡协会 SCAE 课程体系中国课程引入者
北京咖啡协会创始人之一
国际咖啡品质鉴定学会 CQI Q-Grader 课程副导师
国际精品咖啡协会 SCA 全科讲师、考官

逆光之城

序言 逆光之城

何以遇见一座城市的灵魂？

如是在站台上，你用额头触摸列车进站的风浪，去测定城市的气味与温度。

如是在车窗边，你用目光掠过建筑的凹凸棱角，去品味城市的色调与轮廓。

如是在斑马线，你用耳鼓聆听信号灯的频率，去测定城市的节奏与速度。

如是在小巷中，你用嗅觉探寻各家灶台的酸甜苦辣，去勾勒城市的味觉与人情。

作为城市的栖息者，用身体时间去感知，见证城市生活的表象铺展开来。行走到忘我与无我的某刻，跨越现实与梦想的交点，恍然直观到一座城市的灵魂。

你，须以身体时间为代价，方能成为城市灵魂的构成者。

你，须以灵魂空间作抵押，方能成为城市灵魂的洞察者。

何以遇见一座陌生城市的哲学灵魂？

你在咖啡店，拾起对城市灵魂的认知拼图，从理性的角度摄入理解城市的灵魂与意志。

你在咖啡中，品尝对城市灵魂的感知拼图，从感性的角度直观体验城市的灵魂与意志。

让我们就此启程，穿梭于城市的各个区域，潜入深藏的各条小街，寻觅孕育在此的珍珠——咖啡店。你品评着一杯"本店经典"，让自己融入常客们协奏的空间氛围……将它们串成城市灵魂的珠链，与咖啡师的日常心情互动，用我们有限的生命时间去遇见更多的城市灵魂。

这正是"无国界咖啡人·世界咖啡店—城市灵魂系列"的创作动机，也是我进行"全球咖啡品牌发展性研究"所收获的"意外"。当我不断对全球各城市咖啡店作深度解构与调研时，被咖啡店牵引，跨过诸多城市历史的一座座桥梁，行走于时间之间；推开一扇扇街区的人文之窗，超越生命的限度，完成了与一座座城市的灵魂的不期而遇。

当展开那些关于咖啡店的古老画作时，一些画面让我们窥视到遥远时代的阿拉伯也门咖啡店、十六世纪圣城麦加的初代咖啡店；一些画面将我们带到欧洲的某个古老街区，某些营业至今的十八世纪古董咖啡店，还能在我们的旅行里被探访，在那里品尝一杯从未随时间逝去的味道。而在现代大都市轻松漫步时，某次转弯时我们又能遇见一家家迎着二十一世纪新浪潮而生的精品咖啡店……享受其中的你是否发现，各个历史时空、世界各地的咖啡店，它们几乎有着如出一辙的相似？无论是吧台与座位的空间布局，抑或是磨豆机、冲煮壶、意式咖啡机、咖啡杯具的出品制作，还有咖啡师运营服务的工作流程，乃至菜单中萃取咖啡的方式等方面。如此，咖啡店所行走的七个世纪里，似乎难逃这些基础配置的高度相似。为何咖啡店并未有本质上的改变？答案很简单，这是由咖啡本身的味觉特质与功能性所致。不仅是咖啡味觉特质具有极度浓烈鲜明的风格化、难融合达成平衡的不妥协性；同时咖啡功能更是强烈而独特的。

于是，一家店仅咖啡本身已经足够满足客户的主要需求，"难容"除"主角"咖啡以外的其他饮品同时演出。或许，此般的"固执"，反促成咖啡店脱离寻常商业体模式，成就咖啡店成为一个以品牌哲学理念文化为导向的独特生命体。是啊，毕竟为了使自己的咖啡店更有竞争力，咖啡店主理人须将他认知或理想的生活哲学、审美注入其中，令其展现出独树一帜的风格。同时，伴随咖啡店的运营，它与所处区域的人群不断融汇、发酵、生长，这又造成了咖啡店不拘于其创始人最初指向。可以说，咖啡店是在其所在区域文化的土壤中，由创始人栽下树苗，并与顾客们共同培育而成的树木。这棵树跟随着历史与社会的变迁而生长、变化，甚至没人能够预知它未来的样子。这使得咖啡店获得了无届自由的灵魂，形成了独特的存在模式。这种灵魂无拘游走于全球各大洲的城市街巷之间，自由畅行在各种肤色与信仰的种族之中。故此，深入从细节中解读咖啡店，更像是打开这座城市的"牡蛎"，一览被岁月孕育的珍珠，由此一方小天地，去探寻城市街区文化的光阴典藏。

何以才可遇见逆光之城的灵魂？

是光！它让世界有了色彩；也是光，让世界在时间的累积中负载了过于繁复的色彩。自人类诞生至今，世界的色彩愈发繁多、凌乱且多变，我们难以厘清一切的本质。但是，若调整一个角度，从逆光中审度世界呢？让逆光为我们做简化，将原本的复杂颜色整合在相同的基调中。"逆光易于世界呈现出真实"。逆光是在世界不失去影调与色调之下的还原。逆光是将世界的具象凝练成抽象的"哲学"。逆光中的世界是真正的灵魂栖息之处。

而纽约——作为世界熔炉，各个种族、地域、经济、科技等的多元文化在此交汇、融合、新生，具有不能仅以城市来定义的属性。就像如今这难以读懂的世界，我们无法描述其表象与本质。既然如此，咖啡店就是那束逆光，它渗透在城市各个街区里，扎根于人们之中。

表面上，它像一座城市的血液供给站，为人们补给身体与精神的生命力；实质上，它承载、凝聚着这片小小区域中人们的生活状态，沉淀了这片街区的历史，它是一个人与人连接的平台与寄托象征。可以说，咖啡店令城市在"逆光"中被"看见"，咖啡店让城市人群得以栖息灵魂，让城市还原自身的真实，让城市各个区域的文化与精神得以展现、并抽象凝练成这座城市独特的哲学。无论是回顾历史的战火，抑或在如今的新冠疫情中，咖啡店都几乎未曾与人们的生活和情感失联。当城市在动荡不安中，商业空间都在遭受运营的重创，而咖啡店却往往是最早复工或从未关闭过的商业体，它支持着人们的情感与身体需求。对那些面临经营危机的咖啡店，人们往往会纷纷伸出援手。《逆光之城》的十九家咖啡店文字，即是在咖啡店逆光中为纽约城萃取的十九杯意式浓缩，它们呈现了浓缩咖啡味道里的酸度、甜度、口感、平衡乃至产地风味、咖啡品种等，读者可从其味觉背后探知纽约的城市灵魂。

何以让我们遇见一座城市的灵魂？

我与这本书的遇见。

书中每一篇文章均是"先定格，再折叠"。我将时空定格后抽取典型性片段，再将其中人文特质多维度折叠；即多重时空定格与历史内容的"折叠"；也涉及对"咖啡产业体系"的解读，即咖啡店表象背后的专业性；甚至还包括了"咖啡生态系统"，即基于咖啡店所在区域、人群特质的深度承载。

你与这本书的遇见。

你面前的这本书，只是一种承载于"书"的存在形态。书中的每一句、每一页、每一个主题、每家咖啡店所投射出的光芒，正是期待被你"撬动"的城市灵魂。当你开始用阅读去"撬动"一切，你们将就此遇见，在对视中你触摸光芒的柔软，在品味中你勾勒咖啡的轮廓，在阅读中你拥抱街巷的温度，在喜恶中寻找对彼此故事的共情与困惑，成就一次次意料之外情理之中的遇见。

这本书对面的你，请暂且放下眼下之地、之事、之时，请与阅读文字时与观看图片的被动诀别，请告别作为读者与旁观者的静态，请随心选择专属你的线索与方式，伸展着双臂向城市俯冲，成为自由捕捉城市灵魂的黑客。

刘博（Adora）
2020 年 9 月 7 日于北京

I — 普契尼的日出

纽约 纽约　1　NINTH STREET ESPRESSO

Beat！Beat！Beat！　13　STUMPTOWN COFFEE ROASTERS

风中的纽约之鸽　23　LA COLOMBE COFFEE ROASTERS

当乌鸦飞过农场的天空　33　IRVING FARM NEW YORK

II — 肖邦的怀表

逆行时空的对话　47　INTELLIGENTSIA COFFEE

致绝非情怀的一杯　59　JOE COFFEE COMPANY

双行道　69　EVERYMAN ESPRESSO

被芭蕾吹散的面纱　81　COUNTER CULTURE COFFEE

III — 蒙德里安的蛋糕

非虚构的未来存在　97　HAPPY BONES NYC

给你！红色！　109　GIMME！COFFEE

唤醒钥匙的女孩　119　COFFEE PROJECT NEW YORK

IV — 杜尚的烟斗

惊叫的橙   **133**   *ABRAÇO NYC*

迎殇跳过的勇敢   **143**   *LITTLE SKIPS*

停在树梢上的时空   **157**   *SPREADHOUSE CAFE*

V — 德彪西的酒杯

给纽约的一封情书   **173**   *GROUND CENTRAL COFFEE COMPANY*

遥远的使命   **183**   *KAFFE LANDSKAP NYC（KAFFE 1668）*

VI — 凡尔纳的皮箱

世界上的另一个我   **197**   *LITTLE COLLINS NYC*

下一刻醒来   **205**   *MAMAN NYC*

失痕飞行   **217**   *MCNALLY JACKSON BOOKS*

关于作者   **235**

I

普契尼的日出

歌唱 在晨光中
一场生命盛宴的启程

BREWED COFFEE
2.5

ICED COFFEE
3.5

ESPRESSO
3

ESPRESSO W/MILK
4

CREAMLINE

DICKSONS

NINTH STREET ESPRESSO
75 9th Ave.NY 10011

－ 纽约 纽约 －

　　似混沌中的破晓光芒，闪电划裂浑然苍穹，扯开空中沉重的云霭，白色咖啡杯叛离盘中向上旋转地悬浮，升起黑色的旗帜。Ninth Street Espresso 升起的这面旗帜，象征着纽约本土创建的第一家精品咖啡店，在 2001 年的曼哈顿东第 9 街 700 号（700 East 9th St.），铭刻下纽约咖啡时空的历史定格，奏响纽约城诀别咖啡黑暗味觉时代的序曲，展开纽约独立精品咖啡店的征程，迎来纽约饮用精品咖啡的味觉曙光。

　　于 Ninth Street 创始人肯尼思·奈（Kenneth Nye）而言，此店却不是呐喊宣言的破晓之光，更无背负先锋者的传奇使命。他仅仅想要简单纯粹地制作一杯咖啡，归还咖啡的味觉真相。在咖啡黑暗味觉的时代，他不要做独自醒着的人。

似若在内心世界的现实飞行，咖啡是创始人的翅膀，咖啡店是承载风景的飞行器，而顾客正是在飞行中的旅伴。

"为东村的朋友和邻居们提供美味咖啡"，是创始人肯尼思·奈的简单初衷，因此店名也不必有太多复杂的寓意，以店址"第九街"（Ninth Street）街区命名就好。然而在2001年的美国乃至全世界，大众对精品咖啡的认知几乎为零，精品咖啡店也无标准的吧台出品基准。那么，怎样去呈现一杯精品咖啡？呈现怎样的一杯精品咖啡？即是 Ninth Street 在对话现实飞行启程时所面临的复杂课题。其一，他们完全区别于主流，是纽约第一家独立精品咖啡店，又定位在专注精品浓缩咖啡（Espresso）的极度狭窄区间，因陌生导致被顾客所拒绝是在所难免。其二，店址偏僻的 Ninth Street 面临顾客稀少的问题时，却还在服务中坚持"不"提供外带、糖类、甜品，甚者不提供与咖啡无关的谈话，店内服务仅围绕最佳味觉表现的浓缩咖啡。其三，Ninth Street 似乎无视已然惨淡的流水额，依旧付出大量的咖啡豆成本去探索与练习，这何尝不是在雪上加霜呢？如此极端另类的咖啡店，首年遭遇账面赤字自是不足为奇。然则，那些被浓缩咖啡味觉所震撼的顾客却在日益增加，他们使 Ninth Street 拥趸者的队伍不断壮大，这无疑是对咖啡品质精益求精所做出的最大鼓励。正如2002年《纽约时报》暗访此店时，店中的咖啡师突然将制作中的浓缩咖啡倒掉，之后歉意地解释，刚才没有考虑天气突然变得干燥的因素，须重新调整研磨度后再次出品。当迷惑的暗访者品尝到这杯惊艳味觉的咖啡时，他终于明白这正是纽约城最稀缺的真挚与卓越。

Ninth Street 的真实与纯粹，推动着顾客认同度与品牌知名度攀升。从遥远地方驱车到来的人们，只为品尝一杯咖啡的卓越味道、体验一番带有咖啡专业知识的服务，更重要的是感受一种对咖啡品质的极致追求精神。时间推移着 Ninth Street 的成长，坚定守住纯粹是其烙刻的印记，同时他们不断缩减无关咖啡质量的种种修饰，倾尽全力于浓缩咖啡的品质提升。未曾料想，每当 Ninth Street 为摆脱束缚而展翅时，都刺痛着人们习以为常的陈规，它似是高尔基笔下的海燕，在暴风雨中的勇敢飞翔成就了其今日"咖啡纯粹主义"精神之高度。

  Ninth Street 做出的一桩桩咖啡菜单探索性事件，引发业内外对其"自命不凡"的各种非议。起先，通过"减少杯量"来获得最恰当的咖啡味觉；之后，做出"浓缩咖啡、浓缩咖啡与牛奶（以 3、6、9、12 盎司代表牛奶量）、萃取好的咖啡"菜单，颠覆了传统菜单名称——这是 Ninth Street 为解决同一种咖啡因为在不同地方制作标准无法统一而带来的混乱与困惑（例如：拿铁咖啡在各地制作的奶量不同，进而导致味觉呈现会有很大差异）；再后，当觉察到全球精品咖啡发展的减缓，与咖啡业界忽视顾客需求相关，Ninth Street

进而进化为"咖啡、冰咖啡、浓缩咖啡、浓缩咖啡加牛奶"四项极简菜单，旨意引导顾客在点单时提出需求。咖啡师为每一杯咖啡定制专属的高品质味觉，重新捕获顾客对精品咖啡的信心与信任。这对咖啡师的沟通服务与专业能力提出了更高挑战。这种在世人眼中的"自命不凡"，却正是 Ninth Street 在践行其宣言"没有自命不凡的咖啡"。当 Ninth Street 收获着越来越多的忠实顾客，迎来咖啡业内人士专程拜访后的肯定，赢得美国精品咖啡协会（SCAA）将其切尔西市场店列为"十个顶级商务旅行城市咖啡店"的"纽约推荐"荣誉，这些难道不是对其前瞻性探索做出的最好回答么？

人们常常许愿，让现实飞行一如内心世界的期待，但如若真的相同，生命之旅岂不乏善可陈？何苦还要奋力展翅，去向往从高空看这世界的不同，去刺痛现实的平庸？

或许，只有专业咖啡人才明白，一杯貌似简单的浓缩咖啡浓缩了咖啡品质的多重含义。每一杯单独点单制作的浓缩咖啡，都面临咖啡质量的严酷大考，就像将咖啡生豆质量、烘焙技术，乃至对熟豆的研磨萃取等环节，全维度置于味觉的显微镜下。从油脂色彩、醇厚度、斑纹的视觉展现开始去甄别、判定，再到品尝味觉表现的甜、酸、咸、苦、风味、口感、平衡、油脂等，之中包括咖啡品质的优质与瑕疵，口感的顺滑、圆润、水感、重量等，乃至久不散去的回味质量。以上种种细节因浓缩而放大，任何疏漏都无处遁形，即便味觉不敏感的品尝者，只要常喝或经过简单练习，也不难辨别一二。因此，尽管浓缩咖啡一般用于咖啡饮品基底，且实力咖啡品牌也均有研发独家的浓缩秘方，但仅是专注于出品精品浓缩咖啡，对咖啡品牌的确是极度狭窄的定位。即便今日精品咖啡正在逐渐兴盛之时，以此定位的全球精品咖啡店也极度罕见。

Ninth Street 那面悬浮着咖啡杯的黑色旗帜，正是凝聚着专注与持恒的修行，正是二十年来驱动纽约咖啡品质的领跑者、纽约精品独立咖啡的丰碑缩影，正是顾客心中精品浓缩咖啡的标识。一如 2001 年起飞时的平静，Ninth Street 低调讲述着"以毫不伪装的真诚，为朋友、为邻居出品一杯咖啡的美好"。

在曼哈顿，必将谈及全球知名的切尔西市场（Chelsea Market）——那是个市场，却不单是个市场。

坐拥 24 亿美元身价的切尔西市场，像一头赫红色饕餮巨兽，盘踞在曼哈顿下城的西部，依傍着哈德逊河（Hudson River）。它的成长经历数百年，吃遍了跨界食物，历经历史变迁，跨越时空，才得如今之果。若溯源最初，它该是此地最古老的原住民。在那久远而模糊的历史中，印第安人于此交易野味和农作物，也促成饕餮兽的诞生。成为纽约后，高线列车将养殖动物送达于此，宰杀后取用哈德逊河的冰块冷却供给城市，饕餮兽得以茁壮长成。但直到 1898 年，国家饼干公司（National Biscuit Company）为使用高线列车的接力，用大量动物油脂制作饼干，开始建设厂区楼宇，之后又扩建成完整街区的大体量建筑时，饕餮兽才拥有真正可容身的住所。它常回望那段甜美的时光，沐浴着烘烤饼干热乎乎的香气，沉浸于酥脆融化出的饱满可可味，见证着 1912 年奥利奥饼干的降生，玩转"扭一扭，舔一舔，泡一泡"的吃法，倾听饼干上"双十字图案"的神秘传说。1959 年饼干厂搬迁后，面对室迩人遥的清冷空寂，它却毅然选择留守故地，用沉睡度过近四十年的残败时光。当 1997 年的春日清风将它唤醒，它第一次得到了属于自己的名字——"切尔西市场"。终于，饕餮巨兽拥有了 11 层高、58993 平方米的精确领地，占据第 15 街与第 16 街间的空间，昂首于第 10 大道，身体长度穿过第 11 大道，尾巴恰可托举起城市空中绿道的高线公园（High Line Park），尾梢悠然地拍打哈德逊河岸。重获美妙新宅的它，决定备下丰盛又精致的饕餮盛宴以尽地主之谊，时时悉心照顾本地邻里，日日款待世界各地的探访者。面对超过 25000 人次的日常访问量，它释放出老纽约的好客热情，一举成为全球著名的美食地标，成为各地美食家们在纽约的必访胜地。同时，它纳入了多元艺术展厅、沉浸式音乐厅、设计工坊、书店、生活市集、食品超市等业态。其巨大楼体的高层空间不断有理念前卫的公司入驻，又于 2018 年迎来谷歌公司以一顾之价的 24 亿美元收购整座建筑，切尔西市场荣登"最昂贵的纽约历史单一建筑"的榜单。

于 Ninth Street 创始人肯尼思·奈而言，纽约城不是人们为之疯狂的世界都会，也不是雄心闯荡者眼中的事业之巅，他从未在五色斑斓的霓虹里心跳加速，甚至未曾在摩天楼遍布的迷宫街区里脚步凌乱。和每一个土生土长在大都会的人一样，他习惯遇见各地精英的来来往往，平静包容着他们的豪言壮语、愤然诟病、悲情哀叹……对于这座世界中心的城市，他也不曾萌生仰视或俯视的情愫或占有欲，甚至没有轰轰烈烈的热爱。他明白自己即是这里的组成部分，唯有一分浑然天成的熟稔。平静淡然中的他，不会动摇半点与纽约的荣辱与共，因为纽约就是他的故乡。伴随成长记忆中的邻家老建筑，切尔西市场变迁的老故事，他将多年后 Ninth Street 的第二家店入驻这里，仅仅期待和切尔西市场一起服务纽约城中的邻里，迎接从全球到来的客人，去传递一杯源自纽约本土的真诚和纯粹的咖啡味觉。

当人们行走在切尔西市场里，被包围在高端美食荟萃的琳琅中时，那面悬浮咖啡杯的黑色旗帜，正是一片真诚咖啡的心境所在，是独属一方纯粹咖啡的栖息之境。

若喜爱品尝浓缩咖啡，绝不要错过以创始店所属社区而命名的"字母城混合"（Alphabet City Blend）。自 2001 年，Ninth Street 与全球著名的三大精品咖啡烘焙品牌 Stumptown、Counter Culture、Intelligentsia 轮番进行合作，同时加入自家烘焙的咖啡豆，它诠释出了咖啡味觉中浓缩的纽约风情。若带一包"字母城混合"咖啡豆回家，无论在任何地方的清晨里，使用手冲或爱乐压制作一杯咖啡，都能感受到那源自纽约城的气息荡漾在晨风中。如果平日不习惯浓缩咖啡的强劲味觉，点一杯"浓缩咖啡加牛奶"也正好，不必担心与咖啡师的沟通会遭遇咖啡专业术语的壁垒，说出自己的喜好或常喝的咖啡，安心静待一杯专属定制。当它流入口中，正如一朵由唇边到心间的烂漫烟花绽放，经蒸汽提炼的牛奶奶泡塑造出绵密温润的质感，汇聚着甜蜜的奶油风味缓缓弥散，再与富有果香的基底浓缩咖啡融合，在口中如华尔兹旋转，交相辉映出彼此的璀璨。

作为纽约原住民的肯尼思·奈，定义纽约咖啡的典型特质正是"好咖啡可以很简单"。在同样被视为纽约典型特色的切尔西市场，也能通过触摸粗糙的裸露砖块，行走于旧工厂地板的蜿蜒通道上，情绪随美酒、农场鲜食、肉类海鲜、甜品面包、书籍艺术品转换，再喝下 NSE 一杯纽约典型味觉的咖啡，去沉浸式体验典型的纽约故事。

　　若是秋冬时，当身心被味觉与视觉的满足感充斥，伴着久久不消散的咖啡回味，走出切尔西市场，登上高线公园，追随曾穿行高线列车的步道行进，经过一件件斑驳列车旧轨重塑的前卫艺术作品，阔步一路向前。直到哈德逊河畔的风扬起你的外套，面朝蓝色的旷阔水域，顷刻间，以心为翼振翅向上，将成规弃之脚下，拥抱鲜甜的自由空气，如切尔西市场、高线公园、Ninth Street 的传奇一般，且任时间独自老去，让起飞的心，永远年轻。

—— NINTH STREET ——
ESPRESSO

STUMPTOWN COFFEE ROASTERS
30 W 8th St. New York, NY 10011

−Beat!Beat!Beat!−

　　二十世纪五十年代的世界瞬间，是被黑白胶片定格的记忆。从灰白渐变的夕阳光焰里，走出三个瘦而坚硬的身影。他们叼在嘴角的烟卷不断喷涌出烟雾，在逆光中腾起一团团笼罩世界的灰色，将他们一次次淹没，却又被他们一次次冲破。在他们放荡不羁的大声狂笑里，回荡着"永远年轻，永远热泪盈眶"的句子，回荡着 Beat Generation 的文学宣言，伴着太阳的光辉向前方喷薄，击碎街道里陈旧的气味，击碎城市里平庸的呼吸，击碎空气中僵固的世界……

　　尽管 Beat Generation 被中文粗放地译作"垮掉的一代"，但对于"Beat"（敲击声、音乐诗歌的节奏、击溃、疲惫的）的提出者杰克·凯鲁亚克等代表人物而言，"Beat"一词具有多重含义。除了是对"他们身处世界的状态与一代人"的写照，又在表达"他们面对世界的态度"，更说明了他们创作的文学作品。一方面，凯鲁亚克提出这个词，有其词意中的"击溃、击毁"之意，旨在写照美国在"二战"后被原子弹战争、冷战政治等恐惧所击垮的、疲惫无力的现实状态，以及生活于其中求以庸碌的随波逐流、在物质生活中满足的一代人。这便是写照"他们身处世界的状态与一代人"。另一面，凯鲁亚克与其他代表人物用勇敢的冒险、无畏的行动力、颠覆传统的创作，去赋予其追求幸福、乐观精神、创造力、信仰。那是追求一份有着强烈自我意识的幸福；那是真正理想主义者的乐观精神；那是不臣服于传统的创造力；那是渴望并践行信仰的执着。这又是表达"他们面对世界的态度"。而且，是凯鲁亚克在访谈中首次提出"Beat"，其时恰好背景播放的音乐使他无意中敲击着节拍。他和访问者同时会意到"Beat"的多重词义中有表达"诗歌音乐的节拍"之意，他肯定着并与访问者会意大笑起来。所以，请允许在本文里使用英文"Beat Generation"替代中译"垮掉的一代"，去致敬这些站在讽刺与压制的漩涡里，却从不放弃为夜空举起点点繁星连成一条迎向黎明之途，却将自己的青春放逐在路上的——他们。

我知道在爱荷华州，那片允许孩子们哭泣的土地上，现在，孩子们正在大声地哭泣着，今晚星辰将熄灭，难道你不知道上帝就是维尼熊吗？傍晚的星星一定会下垂，在草原上散发出淡淡的烟火，而这恰好是整个夜晚的来临。夜的黑，祝福着大地，使所有的河流暗去、包裹住山峰、隐没了海岸，并且也没有人，没有人能明白这一切的发生，除了孤寂的、残破的老去，我想念着狄恩·莫里亚蒂，想念着他永远找不到的父亲老狄恩·莫里亚蒂，我想念着狄恩·莫里亚蒂

——杰克·凯鲁亚克《在路上》

　　将自己放逐在 Beat Generation 的作品中，会清晰感到他们绝不是一群在世间躁动的荷尔蒙，他们的目的从来不是为了标新立异而离经叛道，也不是为了发泄而行为极端，更不是为了对抗而反抗主流。事实上，他们只是一群极度敏感的、有着强烈自我意识的年轻人，也仅仅是为了与演出式的创作诀别，与一切传统文学的桎梏决裂，燃烧生命去顿悟，达成"自发性写作"的文学创作者与艺术家。然而，生存于主流所掌控的资源夹缝间的他们，作品在争议的声浪中起伏，虽得到部分认可，但袭来的更多是讽刺、是批判，他们放荡不羁的行为方式，被诟病而成为被妖魔化的焦点。他们大多过着无所保障的生活，像凯鲁亚克、艾伦·金斯伯格（Allen Ginsberg）等发起者与代表人物还居于生活成本高昂的纽约。那家位于格林威治村西第八街 30 号（30 West 8th St.）的第八街书店，又怎能不被他们视为灵魂与身体的双重收容所。由埃利·威伦茨（Eli Wilentz）与其兄弟共同主理的第八街书店面积不大，却是拥有超过六万本著作的文学土壤。他们包容整日挤在过道地板上的阅

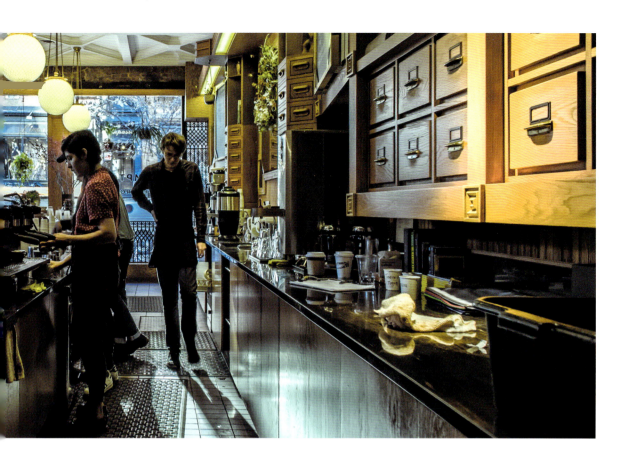

读者，投递随手写出的信件或灵感忽至的投稿信，提供一些帮助贫困的年轻诗人的临时兼职，甚至慷慨借出救急的生活费。毋庸置疑，这里是 Beat Generation 诗人与作家们在浮华大都会中罕有的一片净土，也是他们能自由自在地相遇相聚、交汇心灵去裂变出精神光芒、自在安放不羁灵魂的城市一隅。

　　"身后万事空无，一切尽在前方，一如我在路上。"如凯鲁亚克所言，世界依旧追赶着时间的刻度，无休地向前奔跑再奔跑，虽不曾为谁停留，但凝聚着精神的漂流瓶却不会因此消失。当诗人们的那支漂流瓶，在辗转数十年后的 2013 年被拾起，敞开的西第八街 30 号大门，却已更换了新的名字，甚至更换了新的业态。那"追随你内心目光，不掩藏狂热一面"的金斯伯格式的澎湃力量是否能随之回归？那里是否还能再次燃起 Beat Generation 的精神光芒？

1999 年，那是几乎全世界都不怀疑"一杯浓重苦涩的咖啡才是咖啡，一杯超量糖奶的咖啡才是好咖啡"的黑暗咖啡认知时代，刚萌生的独立精品咖啡都在低调探寻出路。而他，吼着"咖啡都该是美妙绝伦"的宣言，顶着从未梳理好的硬发，穿着从不修整的衣衫，犹如失去刹车的列车，驶入被黑暗咖啡统治的世界。他是 Stumptown Coffee Roasters 的创始人杜安·索伦森（Duane Sorenson），与凯鲁亚克一般二十出头的他，与旧传统的咖啡桎梏决裂，摒弃传统主流烘焙者的生豆交易方式。踏上"寻找最好咖啡豆"的未知旅程，赶赴遥远、陌生、危险的世界咖啡产区。除了每年超过一半时间在产区奔波，杜安还夜以继日地烘焙咖啡，到日常营业时又站在吧台前，亲手制作出咖啡的真实味觉，即那般胜过葡萄酒的多样风味，且无须添加就充满美味的一杯咖啡，这即是他的咖啡经典作品"卷发器浓缩咖啡"（Hair Bender Espresso）。与"Beat Generation"作家们被批判超过被认可、挣扎的命运不同，Stumptown 一路坦途，不仅获得越来越多认可，且其产业不断壮大发展，咖啡店与咖啡烘焙业务均是稳步扩张，从波特兰到西雅图再到整个美国，他成为最著名的三大专业精品咖啡先锋之一。可以说，杜安于 Stumptown 更像是一位父亲，将自己的咖啡灵魂与心血注入其中，赋予它独立生命，推动它勇往直前，直到它能独自在路上，去遇见一个崭新的世界。

2009 年，吼着"咖啡和世界上最好的葡萄酒一样复杂和美丽，但大部分咖啡的供应和酿造皆是垃圾"的咖啡宣言诗，顶着从未好好梳理的长发，撅着倔强狂傲的棕色胡子，一副不改老样子的杜安，陪同他一手打造的 Stumptown 闯进世界大都会纽约，并一举震颤着纽约的味觉。很长一段时间，纽约第 29 街 18W 号（18W 29th St.）店外，像朝圣般不间断排队的纽约客们，饥渴地期待被"卷发器浓缩咖啡"悸颤味觉的那一刻。但很少人知晓早在一年前，杜安就只身开车到达纽约，租下布鲁克林的小公寓，从建设本地的咖啡烘焙空间，到构筑运营等细节，事无巨细地为 Stumptown 挺进纽约默默铺路。那时候的杜安，就像凯鲁亚克当年为筹备写作而多次搭车旅行，记录大量日记，与友人彻夜探讨思路，将纸张连成 120 英尺的卷轴稿纸一样。作为创作者，杜安和凯鲁亚克有着相似的目标，即为世人创作出最独有的作品，而不惜代价的执着成就了筹备中每一个细节的完美。这世界又怎会有不超于常人努力而诞生的卓越？当然，杜安在纽约锻造细节时，仍少不了再次低吼"这个地方的咖啡太荒谬了！""要为你的邻居做杯好咖啡！见鬼！"，语气愤懑却像是一次新的咖啡宣誓！

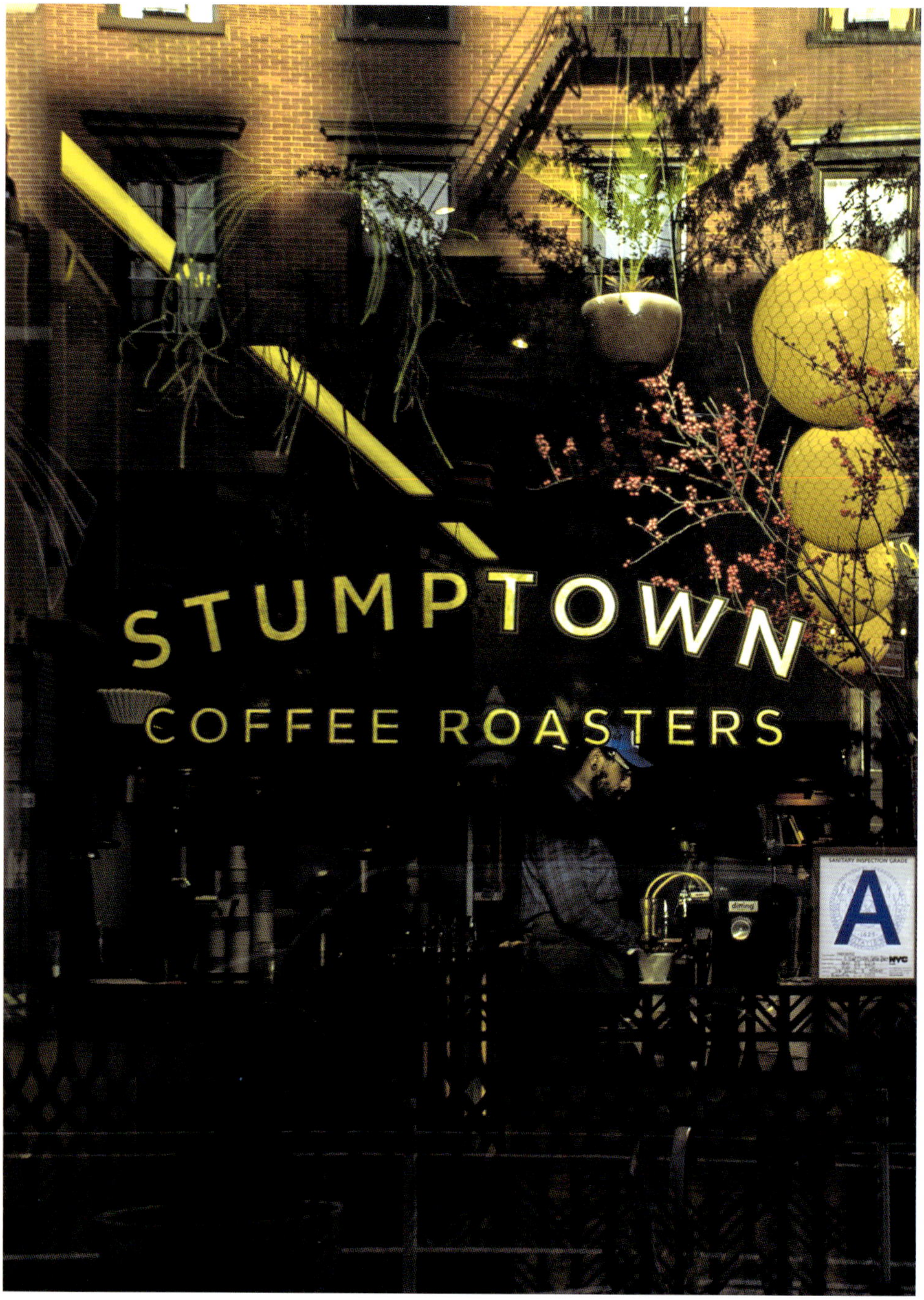
STUMPTOWN
COFFEE ROASTERS
SANITARY INSPECTION GRADE
A

2013 年的那个早晨，墨绿的古典转角门头的第八街书店，点亮了一如六十多年前的温暖之光。依旧是些许低矮的象牙白天花板，曾席地阅读的地面依旧洁净却不够平整，天花板垂下的古老球形吊灯将旧核桃木色的吧台照亮，后方长长的书架上飘出一包包咖啡豆的新鲜烘焙气味。面对顾客涌入的订单，咖啡师就像 Beat Generation 作家们那样，没有演出式的创作，没有过度修饰的仪式，只是迅速而专注地呈现咖啡最真挚的美味！

一切似乎已经改变，这里不再是第八街书店，不再有 Beat Generation 诗人们的苦苦挣扎。

一切似乎不曾改变，那些喝下"卷发器浓缩咖啡"在路上行走的脚印里，流露出似凯鲁亚克"打败那些社会植入给你的谎言，寻找真正的自我与自由"的力量。

诚然，时间的掌控者使生命逝去，使世界奔跑，但凝聚灵魂的光却不朽。

如是 Beat Generation 诗人格雷戈里·科尔索(Gregory Corso)为自己写下的墓志铭：

灵魂

是生命

穿流过

我的死亡

无休的

像一条河

不畏惧

成为

海

LA COLOMBE COFFEE ROASTERS
400 Lafayette St. New York, NY 10003

－ 风中的纽约之鸽 －

在曼哈顿最适宜行走的春日，将笔记本电脑丢在家中，不要扰醒安享周末的摩天楼，独自在蓝天下随心漫步。清风拂过脸颊，带着一丝微凉湿润，卷来一瓣樱花落在街边,拾起,为它找寻来时的路。转过街口，蓝天躲进樱花树绽放的粉白云朵中，这里该是花瓣的来处。将花瓣送归它来时的伙伴中时，它混同在飘落的花瓣雨中，与其他粉色不分彼此，蓦然失去曾独自飞扬的那般灵动神采。

难道，那瓣樱花原本就想要离开，宁肯随风独自远行，迎接危险的未知，也要冲破安逸的平凡？

难道，那瓣樱花想要像托德·卡迈克尔（Todd Carmichael）那般，一次次挑战生命的极限，启程自己的冒险人生？

没人能否认，托德·卡迈克尔是位成功的冒险家。他独自完成并更新了人类海陆双栖的冒险极限。在海洋，他独自穿越大西洋，乘古董帆船完成全球航行；在陆地，他徒步穿越撒哈拉沙漠的大部分地区；他创造了 39 天 7 小时 49 分无人支援跋涉南极的最快纪录，也是第一个独立穿越 156 英里死亡谷的人。似乎他的一切成绩都带着"独自"，莫非是冒险家的世界与"独自"始终相随？抑或，托德本就是孤独的生命旅行者。

成功的冒险家不只是勇敢，更需要对自然的敬畏、对科学的尊崇、对理性的秉持，这与专业精品咖啡精神的内核并无二致。所以，托德也是一位成功的专业精品咖啡主理人。咖啡世界永远不会是"独自"，而托德更不会是咖啡世界的孤独行者，相伴托德数十载的咖啡老友正是咖啡烘焙师 JP·伊贝蒂（JP Iberti）。他们共同创建的品牌 La Colombe Coffee，始于 1994 年 5 月的费城，那是专业精品咖啡并不为大众所知的时间与地点，一场属于两个人的咖啡冒险就此启程。乘风冲过一波接一波市场风浪，本该稳步前进时，他们却再次向白热化的全球商业中心纽约进发，向着"我的意图是改变美国咖啡行业"的目标展开新一轮激流勇进。此后，La Colombe 又横跨美国东西海岸，成功筑起三十家店的两位创始人也未有一刻停步，他们打开新的维度，向咖啡罐装饮品领域踏上新征途。在 2016—2017 年间，他们将已获得专利的罐装氮气拿铁咖啡系列（Draft Latte）项目推向市场前端。那是一罐罐可以喝到新鲜咖啡风味的咖啡，也是能随时随地品尝到蓬勃奶泡的冷拿铁咖啡，更有着比拟咖啡师现场出品冰拿铁的傲娇口感。当极具竞争力的 4 美金价格被公布时，他们引来全球咖啡行业的侧目和审视。"我们真正的目标是改变全世界喝咖啡的习惯！"这正是两位雄心勃勃的创始人决心向全球市场进发的豪情宣言。

"我认为 La Colombe 是一个人，是一个有个性的人。"正如联合创始人 JP 所言，人们能在 La Colombe 的成长历程，及对其未来征途的期待里看到，La Colombe 从不是创始人的传奇故事集结，而是作为独立生命体而存在的一位咖啡世界的冒险家。

冒险，又何尝不是纽约精神中的一种镜像？只是不必担心，曼哈顿的冒险从不孤独。就像女明星卡里耶·布拉德肖（Carrie Bradshaw）所言："独自一人？我并不孤单。纽约是我的约会对象！"

尽管，曼哈顿街头遍布全球顶尖的咖啡品牌；尽管，La Colombe 也非出生纽约本地的咖啡品牌，其登陆纽约后在各个区域中也开幕了八间店铺，但纽约客们该会认同，La Colombe NoHo 店那份在复古华丽中彰显的不失简约的率真，亦是"曼哈顿风格"的实至名归。

NoHo 店比邻纽约大学校区，位于汇聚创意、时尚、艺术的 NoHo 社区，其所入驻的空间是一幢能追溯老纽约商业历史的 1890 年建筑体。行走在老佛爷街（Lafayette St.），远远望见一面风中飘扬的 La Colombe 白鸽旗帜，似是召唤旅者的驿站，牵引着都市忙碌的疲惫魂灵。慢慢走近，视线即被古典灰黑立柱间巨大的玻璃所吸引，空间中流溢出欢声笑语的温度，像一种无须真实听到或触摸便能感知的暖。不必焦虑那总是排出店外的队伍，训练有素的咖啡师们正在演出超速出品的魔法。点单前也不用花时间去查找美食攻略，毕竟在托德的冒险旅程中，针对咖啡产地的专门旅行使 La Colombe 很早就进行着咖啡豆直接贸易，并且持续稳定地获得优质且极具性价比的咖啡生豆。至于谈及他们的咖啡烘焙风格，相较于近年新晋的专业精品咖啡烘焙是稍重些的。当你点单后，一杯介于红糖与焦糖之间甜感、产地风味简单而突出、口感浓郁饱满的咖啡液将流淌入口中。此刻，在你心中用咖啡味觉绘制的画面，恰与窗外的纽约街区景致风格所吻合。这不仅是对你耐心等待与信任的回报，更是 La Colombe NoHo 店达成"曼哈顿风格"的时刻所在。若是春色正好，何必像个游客般执着于座位，外带一杯咖啡，摇动一罐传奇的罐装氮气拿铁系列咖啡，在经典、双重、三重基底拿铁与香草、摩卡草莓、椰奶、南瓜等十几种随季节变化的口味中任意选择。然后带着它穿梭在老佛爷街上那些十九世纪后期的古老建筑中，去开展一次专属于你的曼哈顿旧时光冒险。

　　每每遇到纽约冬日恼人的大雪，在寒冷里艰难前行时，总盼望视线中出现那面在阴郁半空中飘扬的白鸽旗，像是一份温暖如归的召唤。在坏天气里体验不繁忙的 La Colombe，背靠外面的寒冷，面朝店内极简的轻古典格调，目光从立体雕饰的天花板、傲然挺实的黑色立柱，落在深色木板拼接的圆环中央岛吧台，再被可爱的圆球吊灯吸引。最后，一切柔暖与温情的布置都被映射到象牙白墙面上的巨型镜子里，似若回念每个人的生命冒险，带着一点不真实的幻梦之感游荡起心绪。

　　不过，别让褐色橡木桌上的咖啡和食物等太久。这一杯富有华丽拉花的热拿铁、那一盘最受欢迎的杏仁羊角包，还会在品尝的时间缝隙里，了解盛装它们的美丽器皿的故事。这些杯盘源自遥远的意大利德鲁塔（Deruta）小镇的冒险之旅，它们是为 La Colombe 特别手绘订制的。精美的鸽子纹样源于拉斐尔十六世纪的梵蒂冈壁画，它是最古老的拉斐尔斯科（Raffaellesco）珐琅图案，是中世纪财富与权力的象征。1994 年，在托德与 JP 的共同旅行中，他们决定承袭这些古老的传统，萌生出创建 La Colombe 的意向，同时毕加索的《和平之鸽》画作也为 La Colombe 标识带来灵感。于是古老珐琅陶瓷与毕加索绘画，共同成为了白鸽图案的灵感。

两个朋友，一场旅行，一只白鸽，一个咖啡杯，诞生出 La Colombe Coffee。

托德的冒险家挑战在继续，托德与 JP 的咖啡冒险也在继续，La Colombe 冒险家驿站的故事也在继续。

过去。现在。未来。

你的、我的、他的冒险也在继续。

只要心不老去，冒险就不会停下，就不会停下去遇见，遇见未来的自己。

IRVING FARM NEW YORK
224 W 79th St. New York, NY 10024

– 当乌鸦飞过农场的天空 –

乌鸦飞过天空，打破农场的宁静。

乌鸦飞过天空，藏起欧文广场的喧嚣。

Irving Farm New York 来到纽约城。

或许，没人知道乌鸦的故事。可人们记得，1996年的春日，从欧文广场（Irving Place）的一家小店里，飘出萃取咖啡的醇香，飘出烘烤面包的麦香，飘出远离都市的宁静世界。

或许，没人知道乌鸦的故事。可人们记得，此后的每一天，欧文广场的小店外，留下一只乌鸦飞翔的黑色剪影，为 Irving Farm 的味道，绘出它飞过的绛红樱桃咖啡园，绘出它飞过的金色麦穗农田，绘出一首长长的农场天空诗。

　　在时光中飞过的数十载天空，是乌鸦的天性执着与专注，重复着将自然赐予的果实带到纽约的旅行。乌鸦的努力被纽约客们所知所爱，它的家族也在缓缓壮大，盘旋、停驻在纽约城各处。那首农场的天空诗越来越长，逐渐落入 Irving Farm 中，逐渐集结幻化成一种特别的乌鸦田园生活哲学。

　　若要收获纽约城最完整的乌鸦田园生活哲学，该前往纽约中央公园的西 79 街 224 号（224 West 79th St.）的 Irving Farm。大可不必去计划天气与时间，毕竟那里的喧嚣从不会停歇。怀着一分不知喧嚣怎懂宁静的心绪，步行贯穿曼哈顿城的百老汇大街，那些不断攀比时速而纵横穿梭的车流，那些承载都市压力而忙碌的同质化人流，使你与那些耸入云霄的楼宇一样，心跳和血压也无止境向上飙升。直到转弯向西进入相对安静的 79 街，失去刹车的心率才翩然回落。别被 224 号低矮的小门廊打消期待，就像前往霍格沃兹的 9¾ 站台，那在风中轻轻晃动的乌鸦剪影，正是遇见乌鸦田园生活哲学的启程。

ESPRESSO
BLACKSTRAP
  —HEAVY CARAMEL
  LA CANDELILLA
  —DELICATE SWEET FLORAL

POUR OVER / ICED POUR OVER
DON PANCHO PACAS
  —APPLE CIDER FLORAL
  REFINED
KENYA MURAMUKI
  —PINEAPPLE GRAPEFRUIT
  LA PRADERA NICARAGUA
  —BLACK TEA VANILLA

DRAUGHT
BEL
STO

NAL FRUIT
AND YOGURT

—BAGELS—
BUTTER OR JAM   7 25
CREAM CHEESE   9 95
PEANUT BUTTER BANANA HONEY
CALIFORNIA   2 50
LOX AND CREAM CHEESE   3 75
                                           6 95
LOX DELUXE   5 75
                                           8 75
—SCRAMBLED EGGS—   10 25
    UNTIL 230PM
FREE RANGE ORGANIC & VEGETARIAN FED
  ON A HOMEMADE
        CHEDDAR & CHIVE BISCUIT 6 95
  ON A BAGEL OR TOAST   6 00
  ON A CROISSANT   7 00
    ADD
      BACON OR CHORIZO   2 00
      CHEDDAR OR GRUYERE
      OR PIMENTO CHEESE   2 00
                                  1 50

狭长的空间，

如同一条充满着奇幻的乡间小路，

让整个世界慢下来，慢下来，

慢下来……

推开门，店中似若深秋午后的果园，柔暖光色透过茂密的枝桠，映射在成熟色调的果实上，带来一片丰盈油润的富足感，让人不由期盼踏上这条乡间小路，收获一次奇幻的田园之旅。短暂穿行密集的座位区，那里正上演着一场场小型的餐食盛宴。在错落叠置的杯盘里，那些酥脆的、柔软的、筋道的、爽滑的、甜蜜的食物在空气中香气四溢，与轻声笑语协奏出富足安逸的氛围，令人的心神口腹都不由被全然展开，迅速将视线投向载满丰收喜悦的吧台。乌鸦说，一顿丰盛的早午餐又怎能缺失一杯咖啡的陪伴？墙壁上的咖啡菜单、货架上的一包包咖啡豆，十几个品种的选择，都记载着乌鸦翅膀飞过的咖啡天空。从弥漫着活泼酸度与甜感，散发着花香，洋溢着草莓、菠萝等热带水果香气的非洲咖啡天空，到弥漫着果干甜蜜、荡漾着顺滑醇厚，散发着焦糖、可可、奶油等坚果香气的南美洲咖啡天空，乌鸦将这些异域的咖啡风土带回，展现在 Irving Farm 丰富与新鲜的咖啡菜单里。为回报乌鸦的努力，早在 1999 年，Irving Farm 沉浸在哈德逊山谷的小马车房里，开始了咖啡烘焙的探索之路，无论是对单品咖啡烘焙的地域特质，抑或是对混合咖啡拼配的完满丰富性，都积累了足够的经验。Irving Farm 尊重精品咖啡的专业精神，却有一番对精品咖啡与食物之间味觉搭配的平衡理念。其在咖啡烘焙与萃取中，更倾重于适口性与配搭餐食后的整体呈现，他们展现了完整田园风貌的咖啡追求。品尝你手中的这杯 Irving Farm 手冲咖啡吧，无需加入糖奶，也能品尝到顺滑的黄油口感与糖浆般的甜度。当你品味一杯咖啡、咀嚼一块面包时，乌鸦说，暂时忘却都市的忙碌，用一点时间去感受、去思考那些似乎已经久远的农场故事吧。

或许你并不知晓，曾几何时，当人们推开吱呀的谷仓老木门，扑面的麦香将人包裹在自然的赐予中，那分由心而发的感恩与喜悦，被人们称之为幸福。如今，永不停歇的时代进程使我们远离农耕放牧的生活，这分古老幸福只留存在旧书的文字里，人们无从感知也似乎并不在意。乌鸦不会写字更不会说教，但乌鸦在 Irving Farm 的空间里留下了可触摸、可品尝的旧时光。好像那些旧旧的红砖墙面、拼接木板吧台，是可触摸的农作生活，而味蕾碰触的谷物、蔬果、蛋禽、肉食，亦是可品味的田园餐桌。

RAINBOW CROW
TANK TOP
$25

We are donating 10% of sales
to Callen-Lorde Community Health Center

OVENLY
VEGAN
SALTED
CHOCOLATE CH

Irving Farm 乡间小路的尽头，是通向一片古意的田园深处。走近，再走近，请舒服地坐下，用味觉找回一分属于你的自然赐予，让灵魂牵引起一次古老幸福的旅行。那是眺望牛羊成群的缓坡，那是迎向拂面的清风，那是嗅出果林里缀满紫色的芳香，那是溪流间鱼儿游过手指的冰凉，那是踩着丰腴土地的温情⋯⋯

蓦然回到现实里，一抹天光云影已落入你捧起的咖啡中，仰望屋顶的天窗外，一只乌鸦正飞过天空。

—— **IRVING FARM NEW YORK** ——

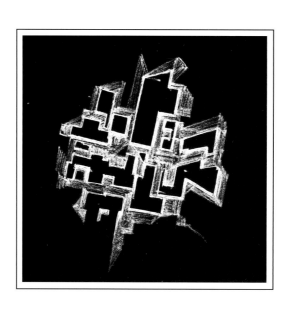

II
肖邦的怀表

那是专注的执念
在每一秒记录着
逐光

INTELLIGENTSIA COFFEE
180 10th Ave. at 20th St. New York, NY 10011

－ 逆行时空的对话 －

　　似是两百年前的冬夜，天幕里轻舞着纷扬万千的洁白翅膀，为曾收获甜蜜的苹果园披上一袭银色圣衣，那是天使降临到哈德逊河畔，见证切尔西庄园与果园主人的无私奉献，将苹果园土地赋予传承教义的使命，叙写一段纽约的历史、一个诗意的故事、一场宁静的传奇。

　　漫长的，一片相同的土地，一秒秒记述两百年流走中的点滴。

　　短暂的，一杯温热的咖啡，一味味品啜瞬息万变的岁月迹痕。

　　一切并不遥远，只需置身纽约的冬日，在与
蓝色天空如镜相映的哈德逊河畔，迎着呼啸在摩
天大楼间的湿凉狂风，闯进第 10 大道 180 号（180
10th Ave.）的高线酒店（High Line Hotel）庭
院。推开那幢哥特式旧红砖建筑的大门，脚下是
酒店大堂形制华丽的紫红色地毯，那是曾为收获
神圣而奉献的苹果园土地，更是一场逆行时空的
对话起点。

　　天使们告诉你，克莱门特·克拉克·穆尔
（Clement Clarke Moore）奉出的六十六片土
地的苹果园，是他继承遗产的一部分，遗产还
包括 1750 年其祖父英国少校托马斯·克拉克
（Thomas Clarke）建造的切尔西（Chelsea）
庄园，以及其父母扩张出的大片土地。

　　如此，源于学者之心的崇高，源于真挚广远的虔诚，继承巨大财富的穆尔，却未曾度过挥霍的享乐生活。他是虔诚的上帝子民，将苹果园的土地奉出，不但建造神学院，还担任《圣经》教授，亲自培育和收获神圣的果实。作为纯粹的知识分子，穆尔倾心于学术之中，从研究教授美学、语言学、宗教学，到创作诗歌等文学作品，他不断出版各类学术专著。

　　将时空反转至今。高悬头顶的黑色木梁下，脚踏陷入的柔软毛毯中，置身于裸露红砖的墙壁前，古老的鹿头向前昂起它的倨傲倔强，虚无与错落的雕饰画框正诉说着远古与现代的哲思，这里是被现代喧嚣抛弃之所在，这里是一段段重叠时空之传奇。你可知晓，闻名世间的纽约"大苹果"绰号在此发源；你可看到，如今虽用作酒店却未染世俗的浮夸；你可听见，前神学院厚厚的墙壁间依旧萦绕着学子们诵读经文的赤诚；你可闻到，栖居于殿堂深处的 Intelligentsia Coffee 阵阵涌出的悠扬咖啡之香……

　　交错在时间之间，寻着咖啡的幽香向殿堂深处缓步，砖柱后侧的角落被神奇压缩，像谁遗落在此的旧书箱，被一杯杯咖啡开启了它的尘封，期待遇见隔世留存的悠远。走向吧台的复古台灯下，目光聚焦在柔和的光晕中，犹如研读书籍的老学者，将指尖在咖啡菜单上划动。白色天使翅膀上的 "Intelligentsia"（知识分子），那串字符像是放下一切顾虑的意会。作为当今闻名世界的精品咖啡先驱品牌，即便最挑剔的咖啡极客也不会犹疑，欣然点单一杯意式浓缩咖啡。在短暂的等待后，开始触动味觉的捕捉，那许是穿行地域的季节灵动，那许是跨越海洋的风土之情，那许是久远于心的隔世回忆。

悠长的，如若追寻每一粒咖啡真理的脚步

瞬息的，即若触感每一滴咖啡的致臻的瞬间

回味着浓缩咖啡的尾韵，仿佛站在古老苹果园的秋色里，逆向时空对话 Intelligentsia Coffee 的成长往事。1995 年，自旧金山迁居芝加哥的年轻夫妇以 "Intelligentsia"（知识分子）为名创建了 Intelligentsia Coffee，启程追寻咖啡的真知，开始经过孜孜不倦的漫长研学。首先是走向产地，与种植者建立最稳固的合作关系，Intelligentsia Coffee 成为第一个采用直接贸易模式的公司。继而他们又颠覆对拼配咖啡的固有认知，提出以最好的咖啡豆才能制作出最好的浓缩咖啡，推出 "黑猫"（Black Cat）意式浓缩咖啡，让人们品尝到稳定甜蜜的平衡。同时，他们对其品牌咖啡店内的出品标准极为严谨，无论是咖啡抑或茶饮，均以苛求精准到秒来制作每一杯饮品。正是持之以恒的知识分子精神，令 Intelligentsia Coffee 成为造就人才的摇篮。在过往 12 位美国咖啡师冠军中，有 5 位是出自 Intelligentsia Coffee 的咖啡师训练营。回望开创精益化产地味觉的历程，领航第三波精品咖啡的风帆，面对累累二十余年的成绩单，他们却只是谦逊简言："我们不曾打算改变世界，我们只是在世界的一个小小角落中。"

2009 年前后，当美国著名精品咖啡品牌纷纷进驻纽约建店，Intelligentsia Coffee 却迟迟未达。直至 2013 年，亦若巧合，却又如是 "知识分子" 赶赴的时空之约，它扎根于苹果园的土壤，持守神学院诵读经书的回响，面朝五月的樱花盛放，Intelligentsia Coffee Highline Coffeebar 与高线酒店（Highline Hotel）同步迎接纽约客的到来。

当不同时空的知识分子们，相逢在古老的苹果园，恪守各自执着的专业，依然那般低调专注。若是隐居于老书箱的浓缩空间里，将其数十年的努力，付诸每一颗咖啡豆的严苛计量与萃取，以求最理性与精准地表达咖啡味觉。每每人们留恋地饮下杯中的最后一口咖啡，杯底即仿佛闪现出 Intelligentsia Coffee 标识里一点红色星光的图案，升起咖啡完成从种子到杯子的一段旅程后，那冲线终点的喜悦，或许是一份来自知识分子们的问候，抑或是一段逆行时空对话的启程……

短暂的，
约会，星星的光芒
串成，时间的珍珠。
1822 年圣诞前夜，
灵动文字滚动在穆尔笔尖
绘出《尼古拉斯的来访》的童真
那是，被孩子们唱起圣诞诗
"在圣诞节前夜，
整间屋里没有一人在吵，
就连老鼠也不闹，
长袜已被小心地挂到烟囱上，
我希望圣尼古拉很快就来到……"
他 伴着天使翅膀的舞蹈
赴约 圣诞夜
快乐老精灵 满足
孩子们的盼望。

漫长，诵读一首不朽的诗歌
短暂，喝下一杯浓烈的咖啡
对话，朝向尊崇真知的永恒。

—— INTELLIGENTSIA COFFEE ——

－ 致绝非情怀的一杯 －

一杯新鲜烘焙咖啡豆萃取的意式浓缩

一杯带着蓬勃奶泡的艺术拉花拿铁

一杯可以清晰喝到产地风味的手冲咖啡

一次与顾客真挚发心的亲切沟通

一次专业精品咖啡店的完美体验

或许，这些已是今日纽约大多咖啡店的日常，而在十五年前的曼哈顿，却是另外一番景象。那是与纽约作为世界都市极不和谐的咖啡场景：在幢幢比邻奇形异态摩天楼的街区里，在个个姿态万千的时髦纽约客间，却被超级连锁咖啡店以直抵人心的营销口号，打响了它们极度同质化的全面入侵。于是，同一视觉风格的咖啡店充斥着街头巷尾；同一种重度烘焙的商业咖啡豆陈列在货架上；同一种糖浆与牛奶被用来掩盖劣质咖啡的瑕疵与苦涩；同一种机械式笑容重复着流程化的服务沟通；同一种风格的咖啡杯行走在街头……不久，纽约城完全陷落，沦为饲养工作精英的咖啡因工厂，"纽约没有好喝的咖啡"也成了无人不晓的话题。此时，却有一家不到二十平方米的小店在曼哈顿西村开业，以店招上"咖啡的艺术"（the art of coffee）昭告天下，好莱坞反转剧情式的孤胆英雄正在到来……

2003 年，当春日的樱花如期盛开时，纽约城少了一位感到工作压抑的经纪人，多了一位决定孤胆反转纽约咖啡味觉的店主，他就是乔纳森·鲁宾斯坦（Jonathan Rubinstein）。基于全家上下的倾力支持，他以"咖啡的艺术"宣言，用一次次真挚温情的服务沟通，用一间为社区带来新鲜咖啡和美好味觉的质朴空间，用一分出品高品质咖啡的信念，希望结束人们"纽约没有好喝的咖啡"的失望感叹。这就是威弗利广场（Waverly Place）的 Joe Coffee Company 创始店的诞生，亦是纽约精品咖啡先驱的登陆。

如今，Joe 已成为常被提及的纽约乃至东海岸的精品咖啡先锋元老。作为纽约原生的本土咖啡品牌，Joe 在纽约就有十七家分店，即便只是在曼哈顿中央车站短时逗留的人们，也能轻易遇见守候在此的 Joe，品尝到一杯代表纽约的专业精品咖啡，体验一份源自纽约的精英式咖啡互动。

若致以情怀，想去触摸 Joe 降生时的温度，追溯曾反转纽约咖啡评价的好莱坞式剧情线，品味一杯曾惊艳纽约客的咖啡味觉，体验一番曾颠覆纽约客的咖啡服务，非造访 Joe 的威弗利广场创始店莫属。

但若身为精品咖啡的从业者，准备用专业品鉴的刁钻舌头，审度纽约专业精品咖啡的实力所在，当先阔步行至西 21 街 131 号（131 W 21St.）的旗舰店 Joe Pro Shop，全维度验证以"咖啡的艺术"为宣言的旗舰店是否实至名归。

　　走上西 21 街，两侧高大的建筑压住晨起朝阳的光芒，这条岁月流转的长街上，曼哈顿上班族的匆匆步伐从未减缓。若非新鲜研磨的咖啡香气从暖光的门窗里缓缓飘出，你定会错过被两侧宽大楼体挤在中间的 131 号。这幢 1925 年建造的四层小楼，外墙是整洁裸露的褪色红砖，低矮狭窄的沿街门面正是 Joe Pro Shop。慕名而至的人，几乎会犹疑是否找错地方，这里真的是曾被众多咖啡媒体争相报道、拥有着 200 平米精品咖啡旗舰空间吗？

　　倘若你乐于捕捉咖啡空间的先锋视觉设计，或是偏爱西海岸众多咖啡店的高阔空间，甚至你早已习惯让身体在座椅上舒展去欣赏咖啡器具带来的情怀，那么，此番造访必先打破你记忆中的专业精品咖啡程式，再还你一个专属于曼哈顿的专业精品咖啡旗舰店体验。

像一块精巧的机械腕表，其精密功能的运作绝不比巨型大钟来得简单。在不足 200 平米的狭长空间中，承载了全天运作的咖啡烘焙区、总部人员工作区、负责全能咖啡师培养的教育中心。培训中心并没有因为面积小而做出任何专业让步，除了数台咖啡机，还建有专业标准咖啡杯测台，用于培训和自家咖啡品质的实时测定，以及其他咖啡品牌的定期杯测交流，同时培训中心还经常作为支持咖啡比赛等专业活动的场地。当然，空间的最外端，依旧是作为创始人所宣言的"每个人都应受到欢迎"的超级迷你咖啡店。此占地二十平方米左右的空间被称为"超级"专业精品咖啡店也并不为过。虽说空间上吧台面积狭小，菜单只提供意式浓缩、批量萃取、手冲咖啡、茶四项选择，但高度压缩吧台既可出品意式咖啡，又能进行手冲萃取，并且还有四个不同产地咖啡豆根据季节不断更新，当顾客选择一种咖啡时，还能对萃取方式进行选择。也就是说，顾客不仅能品尝到四个不同产地的咖啡味觉，更能品尝以两种方式萃取同一产地咖啡豆所产生的不同味觉呈现。仅有的三席座位，不仅是由于空间狭小，更是因为需要给两个极具精品咖啡专业精神的货架腾出位置，用来出售数个顶尖咖啡烘焙品牌的咖啡豆。这些品牌是从西海岸到东海岸，从精品咖啡的知名经典到新锐先锋，而且还不定期进行更新，为咖啡迷们尝试更多品牌的不同咖啡味觉表达搭建了平台。它也向人们传递着源自专业精品咖啡世界中最为推崇、最为珍贵的默契，即每个咖啡人都是开放性学术互动的平台，以推动真正的精品咖啡发展为共同驱动力。如此传递着咖啡专业精神的货架，也足以弥补座位稀少所带来的缺憾。

如是其创始人鲁宾斯坦坦言，"我们不是专属咖啡的俱乐部，我们不想用专业恐吓别人。每个人都应受到欢迎。"作为设在曼哈顿商务区的专业精品咖啡旗舰店，没有呈现精品咖啡店所常见的庙堂仪式感，而仅以洗尽浮世铅华之状态，秉承精品咖啡科学之严谨，秉承本质先于存在之意，使人们能保持平常心去探索咖啡的世界，去尝试一杯相同却又不同的精品咖啡体验，去收获源自纽约本地的精英式服务，去感知专业精品咖啡精神中无拘品牌之分的平等与互动。期待人们自然而然地驶向精品咖啡之彼岸。

COFFEE $2.50/$3
ICED COFFEE $3.75

OUR OVER

FRONTINO, COL. $6
DHILGEE, ETH.

TEA

PEPPERMINT $3
IRON GODDESS $5
FUKAMUSHI SENCHA

或许，Joe Pro Shop 无法成为文艺青年们叹思遐想传统的场所，但却有着一番专业咖啡从业者们的默契文艺感。邂逅同样来此探店的专业咖啡师、烘焙师，是 Joe Pro Shop 的特色所在，他们各自喝下几杯咖啡后的目光偶遇时，总能有默契的会心一笑，即便本是两个陌生人，也能就此展开一场老友般的专业沟通。若没有遇到那些老友般的陌生人，鉴赏为"咖啡人味蕾"而出品的一杯杯咖啡，也能获得专业感的满足。之后，是仅作为 Joe 的顾客，让身心迎来放松的时间。安静地倚坐在窗边小憩，当神思随玻璃台面映出被楼宇切割的天空而四处游走时，身后咖啡教室里传出粉锤敲击木板的熟悉节奏，蒸汽棒的热气在旋转牛奶产生若飞机起飞般的声哨——令你再次回归作为咖啡从业者的心跳，那声音意味着一位专注精品咖啡的咖啡师正在诞生。而就在未来某一天，他或她将会制造出一杯新鲜烘焙咖啡豆萃取的意式浓缩、一杯带着蓬勃奶泡的艺术拉花拿铁、一杯可以清晰喝到产地风味的手冲咖啡、一次与顾客真挚发心的亲切沟通、一次专业精品咖啡店的完美体验。

—— JOE COFFEE ——
COMPANY

EVERYMAN ESPRESSO
136 E 13th St. New York, NY 10003

－ 双行道 －

拇指点下按键

启动十五分钟的倒计时

搏动的心脏重击着赛场

砰砰！砰砰！

几百小时的练习被汇聚

付出心血的努力被汇聚

砰砰！砰砰！

咖啡伙伴的支持被汇聚

咖啡味觉的精彩被汇聚

咖啡世界的心跳被汇聚

砰砰！砰砰！

……

"下午好！"他将一捧午后阳光投向赛场上的评委，"我是萨姆（Sam），很荣幸今天在这里工作！"

"下午好！"他那同样灿烂的笑容，将一捧午后阳光投向走进东 13 街 136 号（136 East 13th St.）的纽约客，"嘿，今天好吗？"

"……亲爱的朋友们，Everyman Espresso 的咖啡豆来自 Counter Culture Coffee，今天我将展示水洗处理法的布隆迪咖啡……"聚光灯中的咖啡师赛手面对着黑色长条桌前的四位感官评委，介绍着即将制作的咖啡豆。同时，感官评委们严谨地记录细节，用以核对最终味觉呈现的精准度，他们承载着对选手及其团队付出的评判责任，并不比站在赛场上的选手来得轻松。

"……我们的咖啡是来自 Counter Culture Coffee 的咖啡豆……这是脱因的哥伦比亚咖啡，有些可可与焦糖的味道……这款咖啡叫阿波罗，味道会有一定水果酸度，像是柑橘………"面对点单的纽约客们，吧台前 Everyman Espresso 的咖啡师一如既往地亲切，毫不吝啬解答味觉呈现背后的各种疑惑。面对不熟悉精品咖啡的顾客，他们常以询问食物偏好来协助寻找最恰合的咖啡类型，紧密关注顾客品尝的体验，在不偏离咖啡豆产地和处理法的范畴中，咖啡师乐于以专业角度帮顾客调控一杯咖啡的味觉。

如同其品牌命名的"Everyman Espresso"，他们认为，每个人的每一杯咖啡都值得用心去制作，每个人的味觉都值得被尊重，每个人都有对味觉的自由权利，每个人都值得去品尝最恰合心意的一杯咖啡。他们了解，同为摩天大楼夹缝中的每个人，同为大都会压力中匆忙行走的每个人，同为每个人中的自己，既是咖啡师，更是纽约客中的一份子。每个人都是身份的双行道。于是，作为每个人中的一员，他们努力投出如沐春风的友善，互动每一杯咖啡的体验，用耐心融化专业的隔阂，将精品咖啡的专业门槛，转化为生活中值得探索的有趣话题，去为每个人建构一方咖啡味觉的平等天地，这正是 Everyman Espresso 咖啡师的专业双行道。

Everyman Espresso 的每一天，
咖啡师迎来推开店门的顾客，
展现赛场般的热情与精益求精，
争得在纽约客心中最高的评分。

Everyman Espresso 的每一年，
咖啡赛手走向赛台上的评委，
再见熟悉的纽约客，
直径七米的赛场上十五分钟，
正是店中经验的集聚。

事实上，一切没那么简单。

当叠加了咖啡师与咖啡赛手双重身份的萨姆·佩尼克斯（Sam Penix），接手 Everyman Espresso 的股份后，他破釜沉舟对品牌理念进行重塑，将位于东 13 街 136 号的店面深度重整。全新的店面于 2011 年重启面世时，这里的咖啡师不再局限于咖啡制作，而需跨越吧台内外的专业隔阂，普及精品咖啡相关知识，化解普通消费者的常识性误解，以咖啡真知的传递者身份，做顾客们最贴心的咖啡伙伴。如此，以跳出固化的大都市咖啡师工作定式，与常规专业精品咖啡店的运营程式脱轨，何尝不是一场不能回头的冒险？尤其是对十年前的纽约咖啡市场而言，专业精品咖啡店作为咖啡市场中的极端小众，且负重着纽约高昂的房租与人工成本，作为独立咖啡店已是难堪重负，若再付出大量时间成本去践行"咖啡专业互动"的超前理念，无疑是大胆的前瞻探索与生存考验！

事实上，一切就这么简单。

作为咖啡师与咖啡师赛手的萨姆，希望将赛场链接到店中吧台，使顾客获得真正的顶级咖啡体验，这正是咖啡行业举办咖啡赛事的初衷和超前性实践。咖啡的真正赛场是市场，咖啡师的真正裁判是顾客，而咖啡店正是两者的综合展现。咖啡赛事中的角逐，绝非仅是比拼咖啡技艺的高低，更是对咖啡行业的认知程度、咖啡师职业承载的认知深度，乃至整个咖啡产业观的综合较量。这即是咖啡赛事作为咖啡行业探索与引领的真正意义。当然，咖啡师赛事，技术与服务沟通等内容均作为评判分数的组成，只是在十年前的咖啡师比赛中，服务沟通尚未成为倾重项。而近年来，为摆脱因精品咖啡的专业隔阂所产生的市场困境，业界逐渐对专业咖啡师技能有了新的定义，咖啡师不但是熟练掌握咖啡味觉的制作者，又是顾客与精品咖啡之间沟通的桥梁，这被世界咖啡师比赛视为评判标准的倾重，进而被精品咖啡从业者定为目标，成为众多专业精品咖啡品牌突破困局的新策略。

而萨姆早在十年前就使 Everyman Espresso 的咖啡师践行"咖啡专业互动"，开始建构赛场接力吧台的咖啡服务体验，成就一家毫无资本后盾的咖啡店，稳坐于纽约著名精品咖啡店的重要席位，频频蝉联各大媒介平台的推荐榜单。

因此，倘若咖啡店品牌的理念，是以正确的认知观出发，以推动咖啡品质、咖啡店体验、咖啡行业发展为原点，从而定位并建构出品牌核心，同时能针对咖啡店所处区域与顾客构成，将店面运营出品与服务等细节进行相应调控并加以匹配，那么像 Everyman Espresso 这般超前于整个行业、市场的前瞻性探索与实践，不仅不是一次冒险，反之能成为逆袭市场的引领者。

　　事实上，一路走来，险象环生。

　　萨姆用手指关节上"我 + 咖啡杯图形 + 纽约"（I ♡ NY）的纹刻宣示着咖啡理想，将自己与美好咖啡、与纽约城视作荣辱与共的命运共同体，岂料却因图形相似遭遇起诉而被禁用。或许又因不断遭遇家人疾病、天灾人祸等的命运波折，是咖啡与咖啡伙伴们助他走出阴霾，将他锻造成充满爱的咖啡勇士。正像鲁迅先生所言"真正的勇士敢于直面惨淡的人生"，将咖啡理想照进 Everyman Espresso 是萨姆的不屈信念，哪怕变成咖啡的西西弗斯，他亦绝不退缩。2020 年，新冠疫情重创着纽约城，依附于公共空间的咖啡行业也纷纷陷入生死困境，萨姆与 Everyman Espresso 率先冲锋到抗疫前线，用咖啡力挺一线医护人员，同时利用自媒体传递纽约抗疫的正能量，纽约客们再次感知到，萨姆曾备受争议的手指纹刻正在化作纽约城患难与共的生命力量！

　　事实上，咖啡勇士从不孤独。

　　人们常说，勇士往往注定孤独，但在咖啡的世界里，勇士从不孤独。Everyman Espresso 的两个萨姆，不但为咖啡行业的伙伴们所津津乐道，也是常光顾的纽约客们口口相传的趣事。另一个萨姆的全名是塞缪尔·勒文汀（Samuel Lewontin），他也是一位出色的咖啡师与咖啡赛手。他们在西雅图的咖啡拉花活动里一见如故。筹备 Everyman Espresso 的 SOHO 店时，两个萨姆一拍即合，成为共同实现咖啡理想的合伙人。

　　于是，他们给出只有咖啡人才能解出的"咖啡题"：两个萨姆、两个咖啡师、两个咖啡赛手，等于他们各自人生双行道的单行咖啡人生；也是一个纽约的咖啡店品牌，一个展现专业咖啡赛场的现实舞台，相加等于 Everyman Espresso 的品牌信念。

我爱咖啡！
就像现场的人们一样，
我能感知到这种爱，
源于咖啡的风味体验，
源于咖啡能做到的一切，
不仅颠覆着想象，
并且使我的心灵顿悟。
我热爱制作咖啡，
去为我的顾客创造这样的咖啡体验。

这是另一个萨姆（塞缪尔·勒文汀）作为咖啡师赛手，在 2013 年美国咖啡师大赛（USBC）决赛的现场演说。那一刻，萨姆的目光中喷薄出真挚与热切，扣动着赛场内外的咖啡灵魂，激荡起彼此心灵深处的咖啡经历与觉知。而于两个萨姆而言，Everyman Espresso 早已超越此刻的激情与演说台词，成为咖啡理想的呈现进行时……

—— **EVERYMAN ESPRESSO** ——

COUNTER CULTURE COFFEE
376 Broome St. New York, NY 10013

－ 被芭蕾吹散的面纱 －

⋯⋯210⋯⋯211⋯⋯212°F，水已完全沸腾。

⋯⋯202⋯⋯201⋯⋯200°F，水降至标准温度。

⋯⋯5⋯⋯6⋯⋯7⋯⋯11⋯⋯12 杯，每杯注水 150 毫升，
将 8.25 克咖啡粉完全浸泡。

⋯⋯58″⋯⋯59″⋯⋯1′⋯⋯4′，"滴滴，滴滴，滴滴"，
计时四分钟已完成。

似若芭蕾舞剧拉开序幕，银勺在轻巧搅动时，打破杯中咖啡粉
鼓起的完美圆弧，茉莉、草莓、奶油香气奔腾着涌向鼻腔，释放于
大脑中被逐一辨析，而心不由地游走至莫奈的午后。流连却不忘返，
当两支银勺优雅地款款合拢，才是芭蕾舞剧的第一幕演出。银勺轻
盈如舞者踮起足尖，划向杯沿，拨动咖啡液面的芳香。接着，一如
白天鹅从天边展翅滑翔，将漂浮在杯中的咖啡渣完美掠出。如此一
次次重复令液面泛起阵阵涟漪，直到咖啡湖面露出如镜之态，成为
聚光灯下的咖啡芭蕾第一幕结束的定格。

……180……179……160°F，温度奏响第二幕银勺的独舞。一支银勺打破咖啡湖面的平静，将少许咖啡液送至唇边，伴着清脆的啜吸声鸣，似鸟儿叫醒晨光的回响，勺子敲动桌面将残留的液体丢弃，振起全场演出的高潮。展开此起彼伏的味觉舞裙，翩然跳跃出烟花般的绚烂，泼墨出地域风土的景致，渲染出季节轮转的色泽。而真正高超的舞者，绝不会因激情而凌乱了舞步。他们总能捕获到炫彩斑斓里的细微之美，鉴赏出不容错过的品质之巅，且绝不会忽略任何微小的瑕疵。他们将敏锐的感官与理性配合，全维度去判断每一颗咖啡豆的前生今世，并且将其详尽记录在测评表格里，成为一场完美演出的最后谢幕。

对于多数专业精品咖啡的从业者来说，总是与这样的咖啡芭蕾日日相伴，业内称之为"咖啡杯测"。通常咖啡杯测是对咖啡生豆的品质进行判定，由数位杯测者共同参与。他们按照国际通用的咖啡科学杯测流程，遵循全球共识的标准咖啡嗅觉与味觉感官原则，将几支咖啡生豆进行标准烘焙后进行盲品评分。

首先，将需要测试的咖啡豆研磨后置于杯测标准杯中，通过嗅觉评判咖啡粉的干香。再将标准温度的水以标准水量注入杯中，静待4分钟的自然萃取。随后，将专用杯测银勺在杯中做初次破渣，开始测定咖啡的湿香。接着，再用两支杯测勺配合，撇掉浮于液面的咖啡渣，进入味觉测试阶段。杯测者们依次舀起少许咖啡液啜吸，并且将勺子敲击桌面纸巾，弃净勺中残留的上一杯咖啡液，再去进行下一杯的品鉴。在依次自然下降的温段中，一杯杯咖啡液被重复着轮转测试。它们呈现的风味、酸度、瑕疵、平衡度等方面，均被记录在标准杯测表内。可以说，每一次"咖啡杯测"，相当于是把咖啡豆置于数个经过严格味觉训练的"人工显微镜下"，把感官体验到逻辑判定的各个项目分值按比率计算，为咖啡豆品质得出客观公正的总分，作为其进入市场后的定价参照。当然，这些"人工显微镜"要成为被认证的专业杯测者，必须通过几年循环一次的全球公开认证咖啡味觉培训及矫正测试。所以说，被专业认证为"精品咖啡"（Specialty Coffee）的咖啡，仅在杯测这一环节就需要通过苛刻的考验。而事实上，在咖啡行业中所言之"精品咖啡"，并非一种随意的说法和称呼，更不是作为营销的推广用语。"精品咖啡"均经过严格标准的咖啡身份认定，那是从一颗咖啡种子开始，经历多个产业环节，包含了数以百计咖啡人为之付出的心血与努力，最终通过咖啡杯测评分系统而获得身份。

COUNTER
CULTURE
COFFEE
RAINING CENTER

在纽约周五的早晨，总有一扇大门敞开，一场循环约会的咖啡杯测活动正迎接着每一个纽约客的到来。这正是 Counter Culture Coffee 纽约培训中心的"免费公众咖啡品尝活动"，也是其品牌创立至今最经典的传统项目之一。活动主要以"咖啡杯测"形式进行，让人们亲临其境地看见、学习、品味、体验"从种子到杯子"的精品咖啡产业链条。活动为人们揭开了精品咖啡的神秘面纱，传递精品咖啡从业者们所坚信的科学、理性、平等的精神，交付给大众一个真实真挚的精品咖啡世界。同时，其品牌也可从中实时获取人们对咖啡的味觉变化方向，为咖啡的烘焙与萃取方案探寻更为公正客观的定位。

事实上，自 1995 年创始至今的 Counter Culture Coffee 并不是咖啡店品牌。他们专注于专业精品咖啡烘焙与教育，致力于咖啡学科的专业探索与研究。多年的孜孜以求使其获得享誉国际精品咖啡业界的学术成就，更被全球公认为专业精品咖啡的丰碑之一。作为孕育众多咖啡精英与多届咖啡冠军的摇篮，Counter Culture 陪伴并推动着精品咖啡的行业发展。在众多知名咖啡人的访谈报道中，他们都视其为对精品咖啡行业做出巨大贡献的推动者，是他们咖啡成长中最重要的扶持者和培养者。并且，Counter Culture 绝非脱离普通大众的咖啡象牙塔，他们始终与一线咖啡市场保持连接，通过各种方式的互动，力求实时掌握人们的咖啡脉搏。就像其多年循环的"免费公众咖啡品尝活动"，从创始地的北卡罗莱纳州，到佐治亚州的亚特兰大，再到东海岸的纽约与华盛顿，西海岸的旧金山等地，每到周五早上十点，一场场生动有趣的精品咖啡"布道"便准时到来。

同样，作为纽约客的星期五早晨，信步走向重复着曼哈顿老故事、又翻动着今时的摩登天空诺利塔（Nolita），你披着一束暖背的金色阳光，推开布鲁姆街 376 号（376 Broome St.）的门扇，走进旧时代曾作为制造马车的空间里。这里高阔且悠长，灯火明亮通透，基调简至纯然，使人感到如走进殿堂般的安定。空间布局形制也甚是简约，右侧是几乎通体的阶梯位，左侧几个功能区块按专业节奏循序渐进，搭配着被旧时光磨损的再生木材与白色旧砖墙，顷刻又消除了人们置身于陌生之地的隔阂感，使他们获得一分安心与舒畅。如此心情，何不乘上一辆意念马车，启程你的精品咖啡之旅。

第一站：没有"咖啡机"的咖啡店。

吧台不再有常见的大型咖啡机，几支极具未来感的极简金属龙头，作为咖啡制作设备整齐列队在台面上。这是 2013 年美国首装 Modbar 模块咖啡酿造系统。吧台高度降低，使吧台内外可以无阻隔的紧密相连，从而突显精品咖啡的前瞻性理念，强调咖啡师与顾客间互动与沟通的重要。时至今日，该理念亦成为全球精品咖啡店打破专业壁垒、获得广阔顾客市场的重要方式。

第二站：属于我的那一杯。

刚抵达手冲咖啡教学区，一杯温热的"欢迎咖啡"已被送入手中，随着流淌于唇齿间的惊艳，你对咖啡知识的一切探索与提问，也将由培训专业咖啡师的导师们给出解答。若有难得的幸运，你会遇见 2013 年一举斩获世界咖啡冲煮赛（World Brewers Cup, WBrC）冠军的埃林·麦卡锡（Erin McCarthy）先生。他在世界手冲决赛现场上，一边充满灿烂笑容地进行精彩演说，一边以精湛技艺自如地操控双壶手冲，其功力与风采让人记忆犹新。想必喝下世界冠军亲奉的"欢迎咖啡"，该是赶往第三站的最强动力！

第三站：揭开专业的面纱。

十点整，咖啡杯测区准时开始"免费公众咖啡品尝"活动。不必紧张，为适应初学者，Counter Culture 简化了标准的杯测流程与感官评测。而且，先有杯测基本技能、咖啡风味轮的培训，并且会对三种杯测咖啡的产地风土、种植故事配以实景照片详细讲解，使你在杯测中能够用味觉去投影图像中的风景。杯测后还有可以表达个人观点的咖啡豆投票等等环节。公开的讨论、提问、解答，传递着每个人的味觉体验都应被尊重和理解的平等观点，人们也学习到了精品咖啡的相关知识，更实践了味觉的辨识方法。那些进门时的陌生人，将与你一起沉浸在咖啡的讨论中，咖啡的神奇将大家融为一体，现场氛围如似老友聚会般热烈。

当然，对于决定投身咖啡行业的人，将会由导师引领进第四站的咖啡师综合课程教室，对他们精品咖啡技能的学习进行规划。

"免费公众咖啡品尝"结束时，你走向大门准备离去，那进门时曾温热后背的金色光束，此时已变成洋洋洒洒的暖白色，耀闪着你视线的全部，刚刚经历的咖啡时光不由浮现。你不禁思索那一幕幕的意义所在，似乎并不仅仅是一次专业精品咖啡时光的沉浸，更是被精品咖啡人所散发的气息所感动。他们眼眸中对咖啡的执着，他们动作细节中对科学的专注，他们对每一个人的尊重，他们与咖啡赋予这个空间的神圣感动，他们和这里的点点滴滴。也许很快，重回到都市的浮躁与喧嚣后，你忘却了他们，但有一颗精品咖啡豆已经悄悄地溜进你内心深处的某个地方，缓缓地飘散出属于你的咖啡香……

每当，晨光迎来赴约的星期五
是谁，推开 376 号的那扇门
相同的，真挚与虔诚
像是隔壁老教堂的圣徒
不同的，探索与理性
遨游着精品咖啡的科学世界。

每当，晨光迎来赴约的星期五
是谁，推开旧马车工厂的大门
相同的，诗和远方
像是曼哈顿诺利塔的童话
不同的，专注与执着
倾听着杯测味觉的环游旅行。

一次次杯测咖啡的体验
一幕幕芭蕾吹散的面纱
你在聆听，你在感知，你在启程。

—— COUNTER CULTURE ——
COFFEE

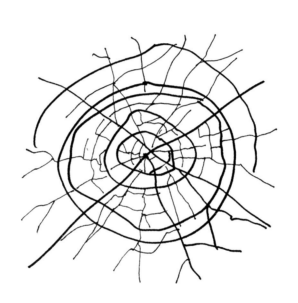

Ⅲ
蒙德里安的蛋糕

是谁
将彩虹射向天空
漂泊着
落在你的怀中

HAPPY BONES NYC
394 Broome St. New York, NY 10013

－ 非虚构的未来存在 －

　　记得那一夜，从星辰闪烁的天幕中降落，恰若来自宇宙之外的神秘物体，精准地嵌入两幢大楼夹缝间——隔壁肉店的旧储藏柜神秘消失，被这似流浪宇宙的飞行舱所替代。舱门打开，一群闪耀着光芒的不速之客蹦出来。它们个个古灵精怪，有着瘦而精巧、小小的白色骨头身体。它们跳着滑稽稚拙的舞蹈，歌唱着欢快无调的歌谣，在一些毫无逻辑的念白中，它们自称"快乐骨头"。

　　总之，一群快乐骨头就此在曼哈顿小意大利区布鲁姆街394号（394 Broome St.）安了家。而被吸引来的好奇围观者纷纷发出议论和猜想：到底"快乐骨头"是什么来头？它们是科幻漫游中的回程礼物，还是梦境展平的闪耀？它们是那一夜光芒之中的定格，还是穿梭时空的古老精灵？

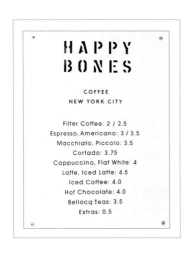

面对涌来的好奇与疑惑，快乐骨头们开始在实力媒体发声，公布它们超然不俗的身世。首先，它承认自己是一根根快乐的骨头，并且宣称那炫酷的飞行舱大有来头。飞行舱仅占地四十平方米，却承载着著名纽约艺术家贾森·伍德赛德（Jason Woodside）的乐天阳光，承载着叛逆时尚教主卢克·哈伍德（Luke Harwood）的前卫不羁，承载着荣登"2015年美国骄傲榜"（Pride in America 2015）的克雷格·内维尔曼宁（Craig Nevill-Manning）博士的卓绝超群，承载着曾任 Facebook 人事高级总监的柯尔斯滕（Kirsten）的精明理性。四位重量级人物联手建造了飞行舱，并将其命名为"Happy Bones NYC"。他们的初心很简单："用一杯杯美好咖啡奖励纽约这座卓越的城市。"Happy Bones 被注入了创始人的低调与真挚、注入了纽约客的精神能量、注入对意大利浓缩咖啡发明的致敬。他们将其安置在曼哈顿小意大利区，成为一处释放理想的玩趣咖啡空间。

快乐骨头们还透露，创始人本着由精英构建精品的想法，建造飞行舱的过程像是一场各路精英专业才华和奇思妙想的会演。首先接受邀请的是"以诗歌般设计意境"著称的 UM Project 团队。他们提出极富创意的设计理念，并严谨设定空间的基础组件。随后快乐骨头们邀请了曾数次囊获室内设计大奖、备受国际设计业瞩目的吉莱纳·比尼亚斯（Ghislaine Viñas）团队接棒建筑与室内的整体建构。两大精英团队强强联手筑建的 Happy Bones，不只完美呈现了咖啡店的多重功能，更以标新立异的视觉格调，赢得纽约各大媒体及专业设计平台的强势关注。它不再仅是一家咖啡店，更被视为一件先锋性、风格化的空间杰作。

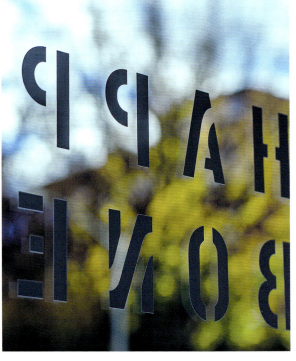

匆匆行人啊，可别小觑纯黑舱门的质朴，它的内里却是不同凡响的世界。那倾斜而不规则的玄关，由冷暖色交叠闪熠着纷呈色彩，使人们的心间不由荡漾出一波波盛夏水果般的甜蜜。这取自创始人贾森的作品，熟悉绘画的人对此总是会心一笑。他以揭下画作时留在画板上的色彩痕迹为灵感，融入斑斓色彩与抽象造型，做出了这样的设计。而以此为基础，空间设计师又重构了失衡的玄关，似梦境中的失衡世界：漂浮的调色板飞扬喷溅着缤纷色彩，吃下一颗心灵的彩虹糖，似是属于外星来客的黑色灯头从墙面探出好奇的小脑袋，发出叽叽喳喳的招呼。走在现实与幻想的边境，Happy Bones 的玄关为人们忙碌的现实出具短暂逃离的借口。它亦是快乐骨头奇幻国度对现实人类的热烈迎接。

不枉此行，在四十平米中行走着旧时情怀与太空漫游的心情撞击。

这样的想法源起于空间。这本是两幢大楼的夹缝旧道，"向空间的工业原始性致敬"正是空间设计师的目标。于是，也不必修葺依从空间两侧楼体的裸露旧墙砖，拾起纽约老剧情中被遗弃的旧铁网、旧油桶，将它们一并喷涂成灰白以构建黑白腔调的新锐风格。旧物进入过往街巷深处的现代空间里，它们就像从未离开那般倚墙而立，唠叨着曾流浪街头的旧故事。旧物建构出没有色彩的空间，倾听铁桶的故事，触摸铁网的冰凉，去静默地感知岁月留下的情怀之暖。空间幻化成最具灵性与想象力的时空焦点，成为擦亮旧纽约的时间剪影。而空间里侧一片天顶被打开，黑色钢架天窗中的玻璃被编织黑丝网切割，那玻璃上细密的网格也悄悄将思想切割出缝隙，恍若时间流逝中纽约不曾改变的网格街区。用空间作为时间的见证，咖啡与咖啡店总是能为人们连线过去、现在与未来。同时，Happy Bones 的涂白旧墙砖留有快乐骨头们流浪太空的刺青，骨头们纷纷跃起宛如库布里克 (Stanley Kubrick)《2001 太空漫游》(2001: A Space Odyssey) 中被抛起的骨头。而从天花板垂下了大捆卷起的灯管，让人感到其中似是潜伏着脆弱与尖锐的能量，散射出暖黄色的闪光，礼赞着无尽太空里未来智慧的光芒。

当旧时情怀与太空漫游的心情在 Happy Bones 撞击，这里以咖啡店为基础形成了多重功能的跨界空间。它是不断更换前卫艺术作品的小画廊，也是小众书籍杂志汇聚的迷你书店，还是流转光影在大理石桌面上一次灵动的咖啡对话。视觉效果与多重功能的自由组合，使 Happy Bones 拥有魔盒般的无限可能性，像是心有多大，就能容纳多大的未来世界。

毋庸置疑，咖啡必然是 Happy Bones 的首要任务，更是快乐骨头们的生命原动力。故咖啡吧台占据了空间面积和视觉设计的绝对重点。作为咖啡能量的积聚、发射地，空间深处向外延伸的咖啡吧台，其主体背景与天花板放置了灰色长短隔板。它们以非韵律方式相互撞击，构建出视觉错位的对角线，发出先锋音乐中状似不和谐的和谐之音，仿佛现代诗中不对称词组的敲击与叩问，拨起怦然不匀的心率，叩问天地的尖锐回响。

　　"咖啡对我来说是艺术的驱动力。"如贾森所言，咖啡是 Happy Bones 空间艺术性的动力所在，因此也决定了他们对咖啡品质的超高追求。幸运的是，隔壁街区恰好是美国元老级精品咖啡 Counter Culture 的纽约培训基地。当顶级品质的咖啡豆在 Happy Bones 被演绎，一杯杯均匀流畅的味觉钢琴曲在心中奏响，墙上跳跃的骨头似是在对人们说，除了咖啡与空间视觉，我们还想为你做点什么。思索一下，当你回归现实，是继续低头屈服于钢筋水泥的功利之诱，还是让天幕引领心灵感知去追寻自由，或者只单单像我们一样，做一根主宰快乐的骨头？此刻，不如借力一杯咖啡的智慧，从 Happy Bones 的空间开始，去尝试脱去曾沧桑有序的平凡，想象如何打破理性拼接的黑色钢架、击碎被细黑铁丝蒙住天空的玻璃、颠覆两侧楼体缝隙中压抑的自我；去尝试触摸蓝天清凉的湖水之镜，猎捕那霍然而至的灵光，使苍穹为你绽放由心而发的自在。

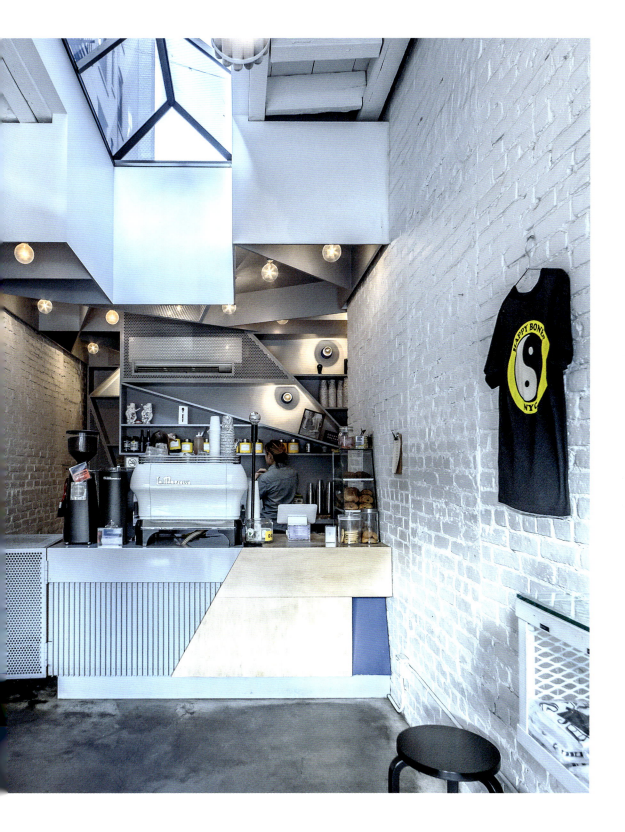

　　从苍穹之惑着陆在现实间，像快乐骨头降临在此，体验白色空间开放的宠爱，感知咖啡目光中的自由世界。从日出到日落，小小的 Happy Bones 全然浸泡于研磨与萃取咖啡交构而成的气味中。它们坐在空间一侧的平行座位上，像一支瘦小的浓缩咖啡杯。你被白色砖墙包围在浓缩杯里，头顶橙色光柱如律动的咖啡油脂，抑或你本就是浓缩咖啡世界的某种风味，带着芒果的甜，有着草莓的酸，蕴起榛子的香，飘着可可的苦……沉浸其中，呼吸着咖啡，品饮着咖啡，血液向咖啡奔流，蓦然透过高狭玻璃窗再窥见外面行走的世界。那么远又那么近，透过梦的镜头，逾越现实的电影。

　　这就是 Happy Bones 的咖啡世界，它们是纽约的灵性闪耀，它们是纽约的时光谐音。

　　到来时，背负城市光怪路离的重。

　　离开时，驾乘蓝天奇幻纷呈的轻。

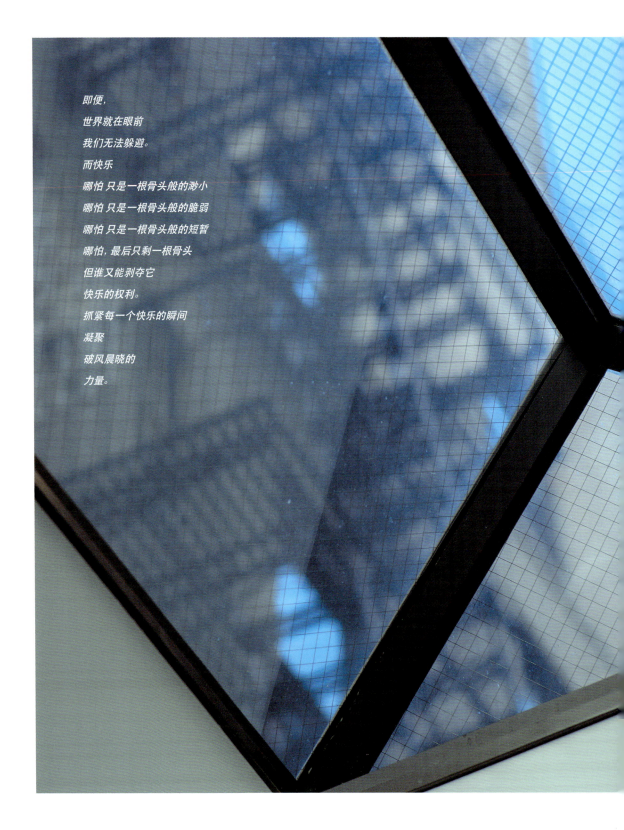

即便，
世界就在眼前
我们无法躲避。
而快乐
哪怕 只是一根骨头般的渺小
哪怕 只是一根骨头般的脆弱
哪怕 只是一根骨头般的短暂
哪怕，最后只剩一根骨头
但谁又能剥夺它
快乐的权利。
抓紧每一个快乐的瞬间
凝聚
破风晨晓的
力量。

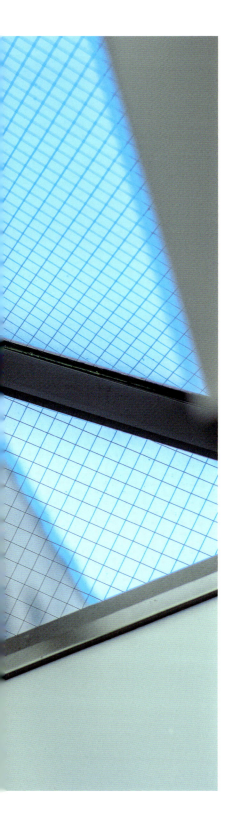

　　诚然，快乐骨头从未改变咖啡店的存在，但是这被夹在楼体中不规则的空间，以超乎想象的创造力，营造着全然不同的心灵体验，从而成为用咖啡与艺术呈现的全维度实验性作品。正如创始人的解读："我们希望，为你提供一天所需的一切。一杯好咖啡让你开心，就像你的骨头一样。"

　　或许，纽约从来不是有边界的一片土地、一座城市。

　　纽约，是全球精英与文化集合而蓬勃迸发的能量。

　　纽约，是文化与精神交集而成的源源不断的创造力。

　　纽约，就是身体中那根快乐的骨头。

—— HAPPY BONES NYC ——

Kenya
Rumukia Soc

mango whipped cream
coconut, dark chocolate

shade grown

GIMMECOFFEE.COM

GIMME ! COFFEE
228 Mott St. New York, NY 10012

– 给你! 红色! –

迎着千禧的晚春，我出生在纽约州伊萨卡（Ithaca）大学城的街角，是凯文·库德巴克（Kevin Cuddebac）创造了我，一个四月金牛座的独立生命体。

我喜欢倾听人们的声音，却有些害羞的执着；我喜欢仰望自由的天空，却有些完美的持守；我喜欢多样味觉的探索，却有着对焦糖的独宠。这就是我，充满矛盾又保持纯粹的红色惊叹号，埋头专注精品咖啡世界二十年，不改初衷。

我希望被爱，被我热爱的咖啡所爱，带着红色的炙烈；也希望被我挚爱的咖啡人所爱，带着惊叹号的激情。

这就是我的全部，我就是他们的故事。

和很多低调害羞的金牛座一样，我亲近宁静的自然，在森林中找寻咖啡的真理，在群山中采撷咖啡的真谛。

　　我想你知道，咖啡大多来自以赤道为中心、介于北纬 25 度到南纬 30 度之间的"咖啡带"（Coffee Belt），而有着优质基因的阿拉比卡咖啡豆（Arabica）是咖啡味觉的王者。我想你不一定知道，为什么看起来貌似相同的小小咖啡豆，却有完全不同的风味？于是，我旅行至世界各地的咖啡产区，寻找咖啡世界的味觉秘密。攀上以厚厚白云为裙摆的墨绿色山峦，我嗅过仅仅盛开几十个小时的白色咖啡花，沉醉在迷人芳香中；我看过缀满枝桠的青色果实，渐渐变成酒红色咖啡果的神奇；我尝过咖啡果那酸甜爽口的果肉；我摸过晾晒中的咖啡果那蜜般的粘度。那些骄傲的咖啡树啊，它们乐于生长在人迹罕至的险峻峰峦间，却渴望人类的悉心照料；它们热爱灿烂阳光，却离不开树荫庇护；它们珍爱雨水滋润，却也不能喝得太饱。我亲密接触过那些一辈子生活在深山里、以种植咖啡为生的农民。我与他们讨论如何得到更高品质的果实，听他们讲述那片群山中的古老故事。通过一次次与世界各地咖啡种植者的合作，我促进了当地的"公平贸易"，更逐渐成长为倡导"直接贸易"的精品咖啡先锋。终于，我把一袋袋凝聚着咖啡种植者汗水与心血的咖啡生豆背到远离原始自然的大都市。我将一杯杯汇集着产地风土的咖啡味道带到喧嚣忙碌的都市咖啡店。我为你准备的每一杯咖啡，都不会过多去修饰什么，因为每一颗咖啡豆都会用味道为你诠释它与炙热阳光、山川云雾为伴的日日夜夜，它与产地农庄种植者之间的动人故事。

　　显而易见，从种植者掌心的一颗红色咖啡果，到人们唇边的一杯香醇咖啡，这之间还需经过环环相扣的复杂环节。咖啡烘焙师与咖啡师作为最后两个环节的工作者，为呈现一杯咖啡味道，付出着不懈努力与精湛技艺。谈及与咖啡烘焙师的渊源，要从我的 Gimme! Coffee 命名开始，它就源于业界著名烘焙师约翰·甘特（John Gant）的提议。同时，他塑造了我的咖啡味觉形象，造就了我以咖啡烘焙为侧重的品牌定位。诚然，每个咖啡品牌都有自己的咖啡味觉性格，我的咖啡味觉性格正是强调味觉重点，突出咖啡的甜度与口感醇厚度，表现咖啡源自其产地风土的代表性特质。就像我的名字和红色标识，那是一杯热烈、简单、直率的咖啡，为纽约州寒冷而干燥的天气中对抗忙碌工作的人们，带来一份强烈与直白的红色激情。

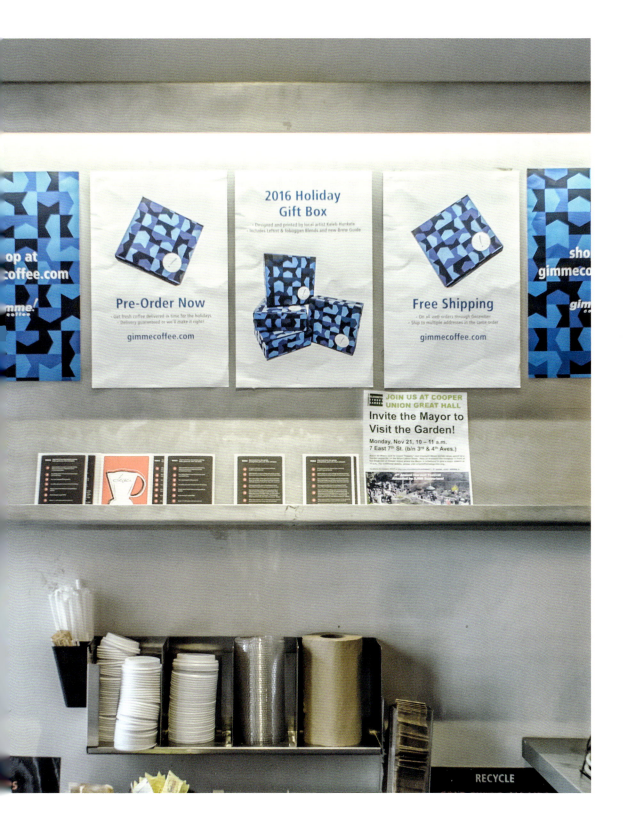

然而，也不可小觑最终咖啡味觉的传递者、身负重任的咖啡师。

　　一位了不起的咖啡师，不仅是咖啡味觉的传递者，更是咖啡味觉方案的策划者与执行者。他们要基于咖啡豆的不同产地、处理方法、烘焙方式等多方面考量，量身定制不同的冲煮方案，同时还要熟练操控咖啡机与掌握其他咖啡萃取技能，去实现预设方案中所构想呈现的味觉。咖啡师是咖啡故事的终极传播者，他们知晓一杯咖啡背后的故事，并针对不同顾客进行良好的沟通，且面对每日数十甚至数百位顾客都需要保持热情的亲和力。值得注意的是，咖啡师的工作都须在站立中完成，而且工作内容还包括处理咖啡店的琐碎事项，比如清洗一切用于制作咖啡的器物和顾客使用的杯具等。当今的咖啡师，即便在休息时间也要保持"充电"，学习日益更新的咖啡技能与知识。但全球咖啡业的咖啡师职位待遇却是以工人岗位为标准。对顾客而言，尊重咖啡师的付出，一次感激的对视，一句对味觉与服务的赞美，都是对他们的回报！

　　每每我获得荣誉——无论是 2006 年被《纽约时报》（*New York Times*）授予"纽约最好浓缩咖啡吧"，还是 2008 年荣获《美食与红酒》(*Food & Wine*)杂志"美国最好的咖啡店"，或者在 2011、2012 年连续赢得备受瞩目的"美食奖"（Good Food Awards），甚至是加冕咖啡业界最有影响力的《咖啡烘焙杂志》（*Roast Magazine*）"2013 年度最佳烘焙商奖"桂冠——我深谙，一切荣誉都属于他们。从种植者、生豆买手，到咖啡烘焙师、咖啡师，还有那些在"从种子到杯子"的漫长咖啡链条中默默付出的人们，他们才是真正的咖啡英雄！

　　他们都是让我为之骄傲的咖啡接力者，理应拥有和管理层对话的权利，获得公平良好的工作待遇。就像我最负盛名的经典产品激进浓缩咖啡（Leftist Espresso），它宣告了品牌的先锋性，代表我们是纽约专业精品咖啡的先行者，更表明我们有平等、进步的思想意识。2017 年，我成为少数领先加入咖啡师联盟的品牌。我们的咖啡人加入工会，并且获得参与平等对话及管理的权利。这保证每一个人拥有自发的源动力，能去更加热爱并关注品牌的成长，全身心投入钻研咖啡与服务顾客的沟通中。他们成为促进我不断趋近完美的力量。从此，我属于他们每一个人，也真正拥有了他们全部的爱。

诚然，独特前卫的个性，是我向来与众不同的腔调。就像 2008 年闯入曼哈顿最为时髦与另类的诺利塔（Nolita）区域，我受到一阵阵瞩目，得到纽约客们的追捧与簇拥。正如诺利塔这个名字，她是生长在曼哈顿小意大利北部的傲娇姑娘，带着童话般的可爱和时髦，集多重性格于一身。她的生活像朝着阳光望去的万花筒，绚烂斑斓得不可思议。她有那座 200 年历史的圣帕特里克（St. Patrick's）老教堂，可以对话逝去的灵魂，聆听应该被铭记的旧故事；她有着那些艺术家创作的涂鸦壁画，让心情开启自由思想的咏唱；她有着预知先锋时尚的个性风标，一家家让钱夹不安的独立设计师小店；她有着那些行走在街区中装束标新立异的人们，仿佛街头 T 台的特别风景。我没有任何的犹豫和胆怯，决定将曼哈顿第一站就扎根在莫特街 228 号（228 Mott St.）。无论到教堂、涂鸦还是时尚精品店都极为便捷，坐在门口的长凳上，便可尽享诺利塔那落入凡间的精灵般的光彩。

　　我决定打破座位的束缚，设置高度合适站立的长线吧台。因为我们的咖啡师将给客人带来全然不同的咖啡沟通体验，融入老友般亲切的诚挚，不失风趣又平等传递着精品咖啡专业知识。所以我还细心地安装吧台立面挂钩，让沉重的购物袋也能偷听主人的愉悦咖啡时光。服务于社区是我从创始就不变的信念，裸露的砖墙是留给本地艺术家施展才华的空间。墙边默默支起窄隔板，足够放置咖啡杯或让他们作画的手肘轻轻倚靠，当人们品尝我的经典"激进浓缩咖啡"，或者是以其为基底的美式咖啡、拿铁咖啡等，他们能以更舒展的身体姿态，感知那入口时焦糖与太妃糖的甜蜜，捕捉富有秋色的水果风味，滚动老酒般沉郁的浓浓巧克力与香料的厚重口感，获得片刻离别都市走进山峦间的自然感动。那正是我和咖啡人努力付出时最为期盼的瞬间。

　　尽管，2020 年新冠疫情导致我不得不含泪暂别了诺利塔，但请笃信我们从未动摇的咖啡初心，在不远的某一天，重新回归的我，将为所有我爱的人们和爱我的人们，以更炫目的视觉，和纽约客最熟悉的老友咖啡师，重现最惊叹的红色标识，用咖啡味觉大放异彩。

或许，我的故事有些平凡，但我的热爱挚诚执着；

或许，我的咖啡不够完美，但我的味觉打动人心；

或许，我的幸福不够长久，但我的快乐强烈炙热；

就像那些山谷中，被大自然力量赋予美妙味道的咖啡浆果，

他们是采撷一颗颗红色果实的种植者，

他们是运送一代代咖啡生豆的输送者，

他们是烘焙一炉炉咖啡熟豆的烘焙师，

他们是酿造一杯杯咖啡液体的咖啡师，

而你是品尝一口口咖啡味道的顾客，

你们，就是我的全部，你们将为我继续更精彩的生命故事，

而故事的高潮永远还是站在吧台前，你说"给我！咖啡！"

—— GIMME ! COFFEE ——

COFFEE PROJECT NEW YORK
239 E 5th St. New York, NY 10003

－ 唤醒钥匙的女孩 －

那个了不起的清晨，一个强烈声音唤醒了希。

"是时候开一家咖啡店了。"声音从她自己的身体里发出，那般勇敢坚决，令她抛却迟疑。她告诉卡莱娜："我们辞掉全职工作，开一家咖啡店吧。"面对如此突然、甚至是打破目前平稳生活的提议，卡莱娜似乎并不吃惊，她以如常的温柔表示赞成。尽管卡莱娜知道她们毫无任何咖啡店从业经历，更没有生意经营的历练，甚至自己没有任何咖啡专业技能。

事实上，她们并非冲动地蛮干，她们拥有一把钥匙，一把化解一切难题的神奇钥匙。

面朝咖啡店理想的大门，她俩一起转动那枚神奇的"解构钥匙"，最先被钥匙打开的正是她们自己。希-萨姆·魏（Chi-Sum Ngai）有着惊人的勇气与乐观，然而深入她内心的却是细腻、沉稳与执着；似一股暖人泉水的卡莱娜·张（Kaleena Teoh），眸子里总是载满着温情笑意，遇事时却总能保持理性，内心深处又蕴藏着坚韧恒久的耐力。性格迥异却互补的两个女生，她们的默契并不似 1+1 等于 2 的算数，而是如同化学裂变的反应。希 IT 公司辞职后，独自前往西海岸专注学习咖啡店运营课程，深造咖啡专业的技能。她频频造访成熟的精品咖啡品牌，观察记录他们的优势与经验，捕捉菜单构成的灵感，筹备咖啡专业层面的等等内容。与此同时，卡莱娜在纽约分析市场与顾客状态，收集备选的营业位置，以及积累运营管理的经验。待她们将作业汇总后，再次拿出"解构钥匙"，女孩们决定将创始店安置在它选定的东第五街 239 号（239 E 5th St.）。

　　这里是纽约客们昵称的"东村"（East Village），位于曼哈顿腹地的边缘，它是曼哈顿繁华喧嚣大都会的反面，变幻莫测的即兴节目在日夜循环中从不落幕。东村里滋养着先锋与古老，流动着时髦与另类，集合着非主流艺术、文学、音乐、电影、时尚等元素。东村的"村民"更是一群不拘世俗的另类存在，一群不协奏时代旋律的叛逆者，在日光中绘画着宁静与古怪，在月光下谱写着叛逆与非凡。那些维系东村"村民"饮食的加油站也与村外招摇抢镜的商业体不同，它们各自秉持着古怪的性情，大都隐匿于街区深处，是仅供同类相聚的角落。

　　早已钟情于此的希与卡莱娜，在小小的咖啡空间里倾尽所有。除了精心塑造视觉上的别致细节，更要展现她们信仰的精品咖啡工艺精神——使用"解构钥匙"精选出的咖啡烘焙品牌，轮番上演风格化的咖啡味觉，其配搭的牛奶、甜点也必要极尽完美。她们更不忘引入一些源自故乡马来西亚的东方味道来点缀。为避免精品咖啡常见的因专业产生隔阂的问题，她们将女性主理人所具有的特质感融入运营，以解构咖啡之爱去交付温和、耐心、包容的服务体验，这正是她们日后能在纽约脱颖而出的关键所在。

　　"解构钥匙"让她们一步一步地接近理想，得到咖啡女主人的新身份，筑建一处绝不雷同的东村村民咖啡聚点，让东村以及纽约客能轻易触摸到那个"了不起"的咖啡世界。

　　2015 年 10 月 1 日，当哈德逊的清凉晨风拂动着东村轮廓，她们打开 Coffee Project NY 的大门。这间仅仅 34 平米的空间里，有雪白云朵叙说的安逸心情，有灰色基调表达的执着理念，有裸露红砖唱诵的纯真情愫，还有厚重木桌见证的质朴感性。当她们点亮亲手制作的吊灯，那些星星点点的光晕告白，是在迎接东村游荡的年轻诗人、作家、摇滚音乐人、背着画架流浪的艺术家，以及所有愿意被爱拥抱的人们。他们在女性气质的柔和与好客中，感受家人相聚的温度，接纳精品咖啡的工艺精神。

　　Coffee Project NY，是希与卡莱娜为咖啡之爱的命名。"纽约咖啡计划"貌似简白，但其真正触及的咖啡层面与思想却甚为广博。从咖啡店的运营管理、空间功能设置，菜单规划，咖啡出品研发，甚至到为每一种咖啡甄选专属杯具，所有流程与细节无不归类其中。但是，她们仅有三十四平米的咖啡空间，却要实现一个大大的咖啡计划，即使现在以理性去核算，也是个不可能完成的任务。只有亲临其境才能真正领略到不可思议的神奇，店中的吧台出品几乎囊括咖啡制作所涉及的全部萃取方式，包括常见意式咖啡机，手冲用 V60、Chemex，还有虹吸壶、越南滴滤，仅冷咖啡就有冰滴、冷泡、冷硝基咖啡和加入奶泡或冰淇淋的不同出品方式。除此以外她们又独出心裁地推出了"黑匣子计划"，包括创意咖啡饮品如生姜咖啡、椰子天堂等。在吧台以外，店中还设有十二个座位，以及必要的卫生间、洗手池等固定设施。由小及大、由浅至深，无所遗漏地实现以专注精品咖啡为原点，喷薄出精品咖啡的工艺精神魅力，这即是她们交出的一份难以置信的 Coffee Project NY 作业。

咖啡计划一：解构咖啡拿铁（Project 1 Deconstructed Latte），这是她们的咖啡计划始发时最为闪亮的登场。似若一匹黑马，从咖啡大牌云集的纽约城脱颖而出。Coffee Project 第一年就进入纽约咖啡店前几位的排名，于 2016 年、2018 年更是两度登顶《纽约消费导刊》（*Time Out New York*）"纽约最爱咖啡店"总冠军。

"计划一"不止在味觉体验上纯粹，更侧重由拿铁咖啡将人们领入精品与专业的全维度体验，就像从一个精彩故事进阶成一部电影的过程。故事从遥远的邂逅开始，讲述来自中美洲群山高地的危地马拉咖啡，邂逅南美洲亚马逊河域滋养的巴西咖啡。似是伯牙子期之交，危地马拉奉献出饱满活泼的酸甜、伴以野性十足的可可烟草风味；而巴西则倾注其独有的咖啡口感。它们相似的浓郁、醇厚、顺滑等口感特质得以倍增，拼合成甜蜜旋律的入口，配合着使风味活跃的酸度"顿音"，口感深沉顺滑的"低音提琴"，它们的和声，一杯富有感性抒情的浓缩咖啡就此诞生。故事的另一边，仿佛大地之灵的白百合历经高温蒸腾幻化成白色云朵的古老传说，牛奶也用高温蒸汽提取自己，幻化成甜香柔软奶泡。故事高潮出场的拿铁咖啡，反转了旧时代里那些用普通奶泡掩盖苦涩劣质咖啡的剧情，当代专注精品咖啡的先锋者反能化腐朽为神奇。故事最初的危地马拉与巴西精品咖啡豆拼配制作出的浓缩咖啡，与用心甄选自塞勒姆农场的牛奶提取鲜奶泡，结合成为一杯相知相惜的精品拿铁咖啡。

最终圆满结局里，咖啡师呈上核桃木色托盘，两支雪利酒杯分别盛放了一杯高品质风味甜度的浓缩咖啡与一杯新鲜甘香的奶泡；另一支葡萄酒杯中是唯美艺术拉花的拿铁咖啡新贵；附赠一枚手工饼干、一杯苏打水。而于顾客而言，这一幕则是电影体验的开场。咖啡师如宠爱婴儿般，以温情笑容的轻声细语拉开电影序幕，细致解读每一杯的内容与意图，以及品饮的方法与次序，以帮助顾客化解内心疑问。

可见"计划一"是从精品拿铁咖啡出发全维度地认知体验精品咖啡的故事，从味觉游戏到服务流程、杯具设置等微观细节，再到宏观整体的意义，达至对咖啡的深度思考，它不愧为 Coffee Project 乃至咖啡业界的经典计划。毫无悬念，故事和电影的作者与导演，正是那个了不起的、早上被自己唤醒的希 - 萨姆 · 魏。

　　有些泛黄的画面中，一个五岁的小女孩用胖乎乎的小手捧着一杯跟她的小圆脸差不多大的咖啡杯。她熟练地爬上自家咖啡店的座位，似是有模有样地喝着马来西亚传统咖啡……在时光与空间快进流转的影像中，那个女孩已经长大。她被咖啡激发着创作的灵感，她将自身经历融入精品咖啡世界的工艺精神中，化成她的纽约咖啡计划。她的名字叫希-萨姆·魏。

　　每当阳光穿过高楼大厦的迷阵偷偷溜进东村，那暖暖的橙黄色堆满密密树叶，斑驳光影在古老的联排小楼上舞蹈。而那些带着奇幻、自由、幸福色调的咖啡故事，正流动在 Coffee Project 琥珀色的柔软里。曾经的专业咖啡壁垒早被洒进房间的阳光融化，成为探索咖啡世界的灵感。人们常能发现，忙碌中的两个女孩，在偶然的目光交汇时，溢出的满满柔情里正互动着共同的咖啡信仰。此时那把神奇钥匙会给出解构答案：“我们被咖啡激发。”（“coffee made me do it。”）

—— **COFFEE PROJECT** ——
NEW YORK

IV

杜尚的烟斗

生命的每一秒
只为
印刻 自由

ABRACO NYC
81 E 7th St. New York, NY 10003

一 惊叫的橙 一

"我只愿蓬勃生活在此时此刻,无所谓去哪,无所谓见谁。那些我将要去的地方,都是我从未谋面的故乡。以前是以前,现在是现在。我不能选择怎么生,怎么死;但我能决定怎么爱,怎么活。"(王小波《黄金时代》)

杰米 · 麦考密克(Jamie McCormick)没有读过王小波,但并不妨碍他实现王小波文字宣言中的理想生活。

杰米不是文学世界的游吟诗人、自由骑士,但杰米是咖啡师、咖啡品牌创始人,是咖啡世界的爵士说唱诗人、自由骑士。

杰米不能创作出惊骇文坛的《黄金时代》,但杰米能创造出咖啡世界的艺术现象级品牌作品 Abraço NYC。

杰米不能用文字为人们加持灵魂的自由,但杰米能用咖啡体验让纽约客收获一阵又一阵"惊叫的橙"。

　　"曼哈顿中城到下城满是停停走走的车流，时代广场里喧闹着不绝于耳的游客，摩天大楼间行走着西装革履的公文包，中央公园奔跑着挥洒汗水的运动鞋，纵然是纽约叛逆时空的东村里，也在日光里沉睡着曾在夜色中躁动的魂灵。"正如《白日无梦》中唱到的，白日中的纽约不做梦。

　　但突然的一天，伴随着一声"阿布拉索！"（Abraço）的沸腾桑巴欢呼，来自旧金山的一记橙色火球飞进曼哈顿，在楼宇间碰撞着击向曼哈顿东 7 街 86 号（86 East 7th St.）。它将白日无梦的曼哈顿东村，撞出一个不可思议的橙色墙洞。那正是 2007 年 10 月的一天。

　　"阿布拉索！"是葡萄牙语的"拥抱"之意，杰米将被阿布拉索所撞出的橙色墙洞叫做 Abraço NYC。虽然这个橙色墙洞只有小小的几平方米，可却因来历不凡的咖啡师而光芒闪耀。杰米当然是 Abraço NYC 的咖啡师，也是它的命名者、创始人，他曾任美国及全球知名咖啡品牌 Blue Bottle Coffee 的咖啡师。另一位咖啡师是埃米·林顿（Amy Linton），他曾在纽约丰碑级先锋咖啡品牌 Ninth Street Espresso 任职咖啡师。强强联合的他们又以全球殿堂级咖啡品牌 Counter Culture Coffee 的咖啡豆来出品，迅速令东村乃至整个纽约发出惊叫。而作为杰米的妻子与联合创始人，伊丽莎白·奎贾达（Elizabeth Quijada）更精通于创意和制作富有南欧中亚风格的咸甜糕点。尤其是她的秘制橄榄蛋糕，深色烘烤的甜皮里包裹着湿润密实的口感，甜蜜与咸味夹带着的橄榄油气味，不仅传递出健康和旧时光的悠远情愫，更成为 Abraço NYC 咖啡的完美配搭，至今也被挑剔的纽约客们视为让"咖啡不孤单"的秘密武器。完美的味觉搭配使 Abraço 的热度惊叫飙升，那个橙色墙洞外也总是排起长队。窄窄的东村 7 街也不再僻静。然而，东村进入"惊叫的橙"的白日梦境，却完全有另外的由来。

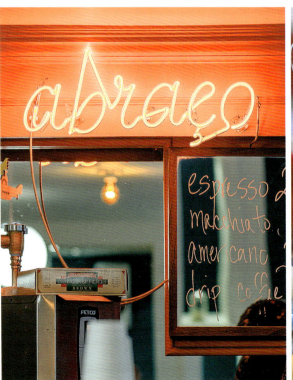

espresso
macchiato
americano
drip coffee

chocolate
cranberry
cake
25

chocolate
babka

orange
scones
3.5

"呦吼，快进来，哥们儿！"发出这般火热问候的正是杰米，在 Abraço 的他总像个熊熊燃烧的橙色大火球。橙色燃烧着他蓬乱花白的头发和胡子，燃烧着他健硕的棕铜色胳膊，燃烧着他朝向人们的呼喊声："嘿！嘿！嘿！朋友！今天怎么样！""哇喔，女士！喜欢什么咖啡！"……当然，杰米永恒的橙色燃烧主题依旧是咖啡。像是一场橙色燃烧的咖啡派对主人，他在爵士说唱中燃烧沟通咖啡，他在跳动节奏里燃烧制作咖啡。而他的风趣在顾客间燃烧，帮人们消解彼此的陌生，制造让人们热情互动的咖啡话题。当那些吧台前的顾客们被橙色燃烧时，他知道排在后面的人更加焦急渴望。于是在制作咖啡的间隙，他发射给他们一记远程的燃烧呼唤："喂，白帽子老兄！别急！很快就到你！"骤然间整个队伍都燃起火热的激情。

　　无法否认，杰米橙色燃烧中的 Abraço，不但跳脱了常规咖啡店品牌、常见精品咖啡店品牌的运营程式，甚至与杰米、埃米曾任职的两家著名精品咖啡先锋也完全不同。Abraço 的风格使其难以定义与比较。在杰米的 Abraço 咖啡世界，资深咖啡师、精品咖啡的专业学术深度，既与顾客"有关"，又与顾客"无关"。与顾客"有关"的是，当顾客在一杯咖啡、一次咖啡服务的体验中得到快乐，作为咖啡与咖啡师的专业性才是真正被实现。而一切咖啡制作的仪式流程、种植品种、产地名称、处理法、烘焙与萃取方式等名词和概念，都与顾客"无关"。因此，杰米以自己被咖啡燃烧的快乐，去燃烧他的顾客。那些被燃烧着快乐的人，才能放松、自在地倾诉真实的个人味觉喜好。此时作为咖啡师的专业才得以有用武之地。人们看得到，杰米总一边跟着摇滚爵士的节奏自由摆动，一边制作出一杯杯令人惊叫、甚至超出期待的咖啡味道。而人们看不到，在杰米身体和表情极度放松的背后，头脑正高速紧张地运转。他利用掌握的专业知识与技能，制作出一杯杯令人惊叫的好味道，而不是一杯杯喝不懂也不想喝懂的"专业"。

　　极有腔调的 Abraço 决然相反于大都市忙碌、谨慎的理性世界，反而像极了欧洲乡村老街边，充满人情世故的邻家老酒吧。就像 Abraço 店名取自歌曲《Aquele Abraço》中"那个拥抱！在世界各地！"一句所散发的热情与激情。

　　每个早晨，被杰米感性亲吻的唱片，旋转出动感的音乐。这是一天燃烧的火种，点燃了咖啡激情的澎湃，使顾客在 Abraço 橙色光芒的拥抱里，进入惊叫咖啡的白日梦境！

日复一日，Abraço 橙色燃烧得越来越火热，光芒也越来越耀眼。乃至在九年后的一天，它向对面街道的东 7 街 81 号（81 East 7th st.）再次发出猛烈撞击.一个深洞被敲出，以增加后厨空间，为现场出品糕点、容纳更多邻居的热度提供便利。Abraço 随之更新了燃烧的方式。

虽说 Abraço 的新址没有招牌，但不用担心。在东村漫步时，看见街边聚集三两群人，伴着旧木门里飘出的动感爵士乐，晃动蓝色咖啡杯，或许还分享着炙烤成红铜色的面包。这些人兴致高涨地高谈阔论着，人群里传出肆无忌惮的大笑。他们甚至就像枝头上正在飞来飞去的快乐鸟群，时而三三两两，时而陌生的两群人莫名合拢到一起……只要看见东村日光中的这番场景，就知道那定是 Abraço 的新址所在。

新址在半沉地下空间里，灰蓝旧木门没做修饰，透出"老地方"的味道。与当下咖啡店流行的视觉风格迥异，也与创始店 Abraço 的热烈与紧凑不同，新址的布置简洁却并不理性，色调热烈却并不温暖。空间主题色调依旧是橙，橙色的吧台中是橙色的霓虹 Abraço，斜对面再以巨大镜面去反射橙色，灯光也是橙色和暖色。唯有吧台对面隔出了像是空间外的一条狭长海蓝色长廊，但空间依旧被包围在橙色的炙烈中。如此沉浸其中的人们，又怎能坐下来安静地享受一杯咖啡？没错，Abraço 主体空间区域没有座位，专门为聚集聊天的人群而准备。内侧孤单的共享大桌，大多时间也被邻居们的婴儿车和孩子们霸占。家长们站在桌子边，彼此进行着热闹的对话。由此可见，杰米为新址能有更大空间所做出的构建，是在升级 Abraço 原有的定义。这里是人们在一起，共同燃烧激情的动力源泉，更是一处自由交流的"广场"，能成为大家增加朋友的收割地！

所以，来到新址的 Abraço，请你自由地释放被绑架的都市灵魂；请你抛弃老掉牙的文艺腔调；请你务必要放弃"不在什么，就在去什么的路上"的商业口诀；请你也把网络社交程式的手机放进口袋，更不要背着沉重的笔记本电脑；请你忘记喝下一杯精品咖啡的专业词汇，只是用最纯粹的热烈，拥抱此时此刻的燃烧时空，让快乐跟着唱片躁动地燃烧起来。

不可否认，对于一些人而言，Abraço 是个咖啡店规则的飞地，有着刺眼反常的傲娇脾气。它像个难以驯服的古怪精灵，不挂店名招牌、只收取现金零钱、不提供 Wi-Fi、不供应全脂牛奶以外的咖啡饮品，甚至鼓励站立进食……还有这里继承了杰米风格的咖啡师，那种不够客气的沟通方式，既缺乏连锁店商业程式的标准，也少了专业精品咖啡师的内敛含蓄。可以说，Abraço 的十几年，虽然收获着极度热爱，也有一些抱怨的评价。但作为创始人的杰米和伊丽莎白，既不忽视也不迎合，更不为美食平台的分数所动摇。他们坚持自己认为对的品牌理念，将顾客视作朋友和家人，交付彼此最真实的互动。

　　杰米正是王小波笔下"我觉得最会永远生猛下去，什么也锤不了我"的家伙，激情澎湃与热情十足。但他并不是叛逆者，他是"只愿蓬勃生活在此时此刻"的自由骑士。杰米不仅是咖啡师，更是个性格张扬、热情乐观，有着强烈创作独特咖啡世界意愿的咖啡师。与所有艺术家对待创作并无二致，他专注咖啡与咖啡体验的眸子里蕴藏着严肃性的力量。或许可以说，他是前倾的、主动创作的咖啡艺术家，空间是画布，咖啡味觉与咖啡服务就是创作。而 Abraço 也不再仅仅是个定义中的咖啡店，它是以咖啡店业态作为载体，在营业的咖啡时间、空间中发生的一种试验性咖啡艺术现象。故此，和所有艺术作品一样，它不去谄媚某种规则、不去迎合人们的喜好，平静地收下外界的赞美或责骂，回馈以更纯粹的真实自我。

　　作为非正式的创作宣言，杰米曾在"自由思想人"中用燥热的爵士说唱吼出："我从不改变我的糟糕，我从不改变任何事情，我不再拿起我的吉他，我不再翻开我的书，我从不穿好我的衣服，我不再见我的狗，我不再约会我的女朋友，我不再回到我的房子里，我放弃一切，只因为这里！"

LITTLE SKIPS
941 Willoughby Ave. Brooklyn, NY 11221

－ 迎殇跳过的勇敢 －

一次小跳，
穿过喧嚣繁盛的曼哈顿，
是布鲁克林的威廉斯堡。
二次小跳，
穿过时髦嘈杂的威廉斯堡，
是布鲁克林的布什维克。
三次小跳，
穿过街头涂鸦的布什维克，
是森林小镇的一次次殇折。

三次小跳，在布什维克（Bushwick）的时空里徒步，那是被记录的一次次夭折。

　　好似打开牡蛎沧桑斑驳的外壳，看到赫然闪动的莹润珍珠，那却不是因经历美好而诞生，而是用美丽来记录布什维克的伤痕。

　　十七世纪的布什维克，是荷兰语"森林中小镇"变迁得来的命名，那是一段风景深处的安宁日子。当十九世纪到来，布鲁克林东北的森林小镇被工业时代侵袭，一座座从天而降的大型工厂覆灭了森林。随后它又被德国移民的酒精酿造所霸占。除了十四个酿酒厂带来的迷醉，街区也竖起一排排高大磅礴的德国巴洛克建筑，作为酿酒者显耀富裕的丰碑。不久，工业时代的衰落又让盛极一时的"啤酒之都"夭折于襁褓。大片厂区被遗弃，成为贫民的居住区。渐行到二十世纪，布什维克终于被衰败与废弃、穷困与毒品所冠名。最终于 1977 年大停电时，它被不断的纵火与抢劫彻底摧毁。数次殇夭中的布什维克已无力再见任何光亮，人们嫌弃它、离开它、忘记它，直到它成为布鲁克林版图上的死寂区块。

　　纵然上帝不再垂青它，艺术家也会重燃希望。一群布鲁克林威廉斯堡区的艺术家，他们点燃画笔的萤火，去探险布什维克的死寂。艺术用奇思斑斓唤醒着布什维克的废墟；创作用异想天开的图绘修补着街区里的颓败；审美用独具一格的建构拯救着厂房的寂静。在二十一世纪的曙光中，布什维克不再是小镇里流浪的魂灵，它是艺术家眼中施展天才的巨大画布，从各处赶来的艺术家们争相创作，用一场场释放艺术精神的光芒，拯救它的生命。布什维克重新获得了新生，他们也成为布什维克的新主人。

四次小跳，回到夜的 2009 年 7 月 11 日。

当流浪长夜中的 JMZ 城轨列车，穿过头顶呼啸驶过，布什维克大道 941 号（941 Bushvik Avenue）的旧化油器商店标牌正躲在灰暗玻璃后。它拾起在街灯里颓行醉语的断裂身影，擦去昏暗砖墙上的机油污渍，倒数着最后的无助时光，期盼新的女主人的到来。那一天的午后，当她推开污浊布满的木门，让炙烤的热浪席卷尘封已久的凝固，她闪光的眸子毫无忌讳地触摸一切，凭自己毛孔中钻出的温柔的爱，涤荡着浑浊的落寞，漂洗着残破的过往。在堆积伤痛的墙壁、顶面、地板、玻璃里闪出她作为"永恒的女主人"影像，在一次次精神与味觉的盛宴中，她和她的客人们用欢声笑语雕刻时光。她决定留下来。

她是琳达·撒奇（Linda Thach），也曾遭遇与布什维克相似的磨难。琳达曾是柬埔寨战火中逃亡的小难民，随父母从金边到泰国、菲律宾，在难民营度过与饥饿、泥土为床的童年，最终辗转定居美国。幼时的颠沛流离使她成为一颗牡蛎中的珍珠，在阳光中闪耀着晶莹的七彩光芒。她热爱艺术、美食，珍视一切生活的美好，并且她更懂得如何给予爱与被爱。怀揣电影梦想，她成年后来到纽约的布什维克，加入到流浪艺术家中。那时主流视角的布什维克是复兴中却"充斥着嘈杂不安、尘土飞扬的混乱"飞地，在她眼中却是"拥有奇特和危险的浪漫魅力"世界。鸣哨飞翔的鸽群是天空里绽放的灰色花朵，涂鸦街道的尘土是艺术圣路的纱裙，吼叫的城铁是摇滚乐的重鼓，忽明忽暗的街灯是夜空降落的星星，甚至深夜里的醉酒嚎叫也成为不妥协的宣言。她恋爱布什维克的一切，义无反顾！当再遭丧母的挫折时，琳达决定用母亲留下的微薄遗产去做出让母亲骄傲的事情。点燃娇小身体里的激情与爱，将自己献给深爱的布什维克，为她的朋友们和追求梦想的艺术家们，构筑一个专属的家。但不是为获得金钱出售食物和咖啡，她是要建构他们安身的沃土，去滋养他们漂泊在布什维克的艺术灵魂。

于是，破旧的化油器商店终于等到她。琳达用"崇奉去跳跃人生"来昵称这里——Little Skips。

　　五次小跳，"与其苟延残喘，不如纵情燃烧"。

　　与已功成名就的艺术家不同，"崇奉小跳跃过人生"的他们，是一群年轻的职业艺术家。在没有任何名利光环的加持下，他们为自己的艺术理想竭智尽力地付出。终究，无论是创作思想、抑或是行为方式，他们无一不正叛离着主流准则，且不屑于为赚取稳定生活而妥协。哪怕终其一生遭遇各种挫败，也不能磨平他们的精神棱角。摇滚大师尼尔·扬（Neil Young）的歌词"与其苟延残喘，不如纵情燃烧"，即是他们的灵魂写照。正像 Little Skips 取名的含义，"崇奉小跳跃过人生"涉及他们对现实的态度，"小跳"是无视世俗的价值规则，"跃过"是直面各种现实困境的决心。他们以清贫生活为代价去追逐梦想的光亮，辗转在执念与现实挫败的交错里。琳达熟悉这样的生活，且童年经历使她深切懂得，于追梦的漂泊者，能付出最少的支出换取安全、温饱的容身工作之地已是难得。更何况在寸土寸金的纽约，一方能滋养艺术创造、并与同道交流的小天地，更像白日梦般遥不可及。而这却成为琳达将自己孤注一掷投进布什维克大道 941 号创建 Little Skips 的初心与决心。

　　就像将自己一生奉献给创作的艺术家，一旦开始便停不下来，不断超越极限去朝向心中的完美。咖啡店最基础的咖啡、食物、安全、舒适的标准，被琳达一次次倍增，朝向她心中的完美。其一是咖啡，琳达将其视为艺术创作的能量与灵感源泉，甄选著名精品咖啡先锋 Counter Culture Coffee 的咖啡豆，不惜重金配置高端 La Marzocco 咖啡机。其二是衷爱烹饪的她，对食物降低成本与增加份量的同时，更一丝不苟要求食材品质，要求多样和精致味觉，更要求因季节食材推出新品。其他咖啡空间的配备也不惜成本地保证环保要求。她的各种要求无疑是对资金、体力、耐力的极限挑战。值得庆幸的是，她还有一群"崇奉小跳跃过人生"的朋友帮忙。他们亲手清洁和修补整理旧空间，发挥艺术灵感改造旧物，创作小精灵标识等，携手一起跳过琐碎、繁重、艰难的事务，实现了可能与不可能的梦想。经历二百多天的孕育，琳达成功完成她首度跳跃人生的信仰，于 2010 年 2 月 21 日正式为布什维克打开布什维克大道 941 号的牡蛎，奉献一颗闪烁着无与伦比光芒的黑珍珠——Little Skips。

Hey It's a Hot Soup!

Tomato Soup

• comes w/ crostini
• Contains almond
• vegan + gluten free!

House-Made & Hearty

Combo: ½ grilled cheddar with cup of soup

Cup: $4 00 → $7 50
Bowl: $5 50

六次小跳，小跳跃过人生的 Little Skips。

开业后，琳达一周六天的全身心投入，使 Little Skips 真正成为艺术家们的"宝藏"。Little Skips 是独立精品咖啡店，只需支付低廉平易的价格，就能喝到一杯激发灵感的精品咖啡，吃到一顿新鲜丰富的简餐。与商业咖啡店重视翻台率、盈利不同，Little Skips 是共享的工作室，可以长时间停留进行上网、写作、会面谈话；Little Skips 是艺术馆，墙壁轮转悬挂最新创作，便于艺术家互动交流，也因此形成艺术经纪人的猎场，更是他们聚会与筹款的首选场地；Little Skips 是演出现场，夜晚上演摇滚乐、电子乐、独立歌手的音乐现场，这里成为布鲁克林独立音乐人的新作舞台。终于，Little Skips 成为布什维克社区的焦点，凝聚艺术家能量的小星球，碰撞灵感与创意的火光炸点，自由地释放艺术激情与梦想的舞台，更是艺术家心灵与身体的新居所。

七次小跳，布什维克迎来它的时代，再见 Little Skips 的陪伴时光。

十年后，布什维克不再被遗忘，它成为全球知名的涂鸦艺术圣地，拥有数百个艺术家工作室。琳达和 Little Skips 也随之成长，为"咖啡、爱、艺术"的宣言而拼搏。于是，Little Skips 创始店有了兄弟姐妹，彼此距离都非常近，旨在围绕艺术家的生活半径而设立。相距创始店 100 米的是 Baby Skips，它奉行精品咖啡至上主义，其隔壁是运行东南亚美食的 Little MO；而 2 公里外又有 Little Skips East，它以清新的池畔蓝为咖啡店基调，它们都驻扎在布鲁克林的布什维克。家族最新成员是 Little Skips South，在 5 公里外的皇冠高地（Crown Heights），是布鲁克林南部的新明星。Little Skips 的精灵徽标跳跃在布鲁克林各处，接力艺术家们的生活保障。

那是创始店恰好度过十周岁生日后，在 2019 年 8 月 26 日的夜晚，一场盛大聚会在 Little Skips 布什维克大道 941 号创始店举行。过去十年往来这里的熟悉面孔再次重逢，除了琳达和 Little Skips 家族所有的咖啡师，也有曾在此工作过的咖啡师，还有那群琳达口中"崇奉小跳跃过人生"的朋友们，更有经常到来久留的艺术家，甚至从远方赶来的已离别布什维克的艺术家。人们相聚在一起，无论彼此相识或陌生，都若久别重逢般的相互倾吐，那些在不同时间相同空间里的故事，融成情感的聚合，串成时光的珠串。演出现场是同样的人与曲目，却从曾经的稚嫩到如今的纯熟，超越时空的音乐与表演碰撞出情绪的火花，辉映着布什维克夜空中闪烁的星光。那一夜，人们尽情地诉说，人们躁动着音乐的激情，人们倾泻澎湃的笑声，人们将爱凝结成烟火，为 Little Skips 创始店绽放最后的灿烂，共同见证它最后也是最辉煌的一次完美小跳。

八次小跳，为布什维克而小跳。

人们曾传说，在世界中心的曼哈顿，是艺术流光溢彩的舞台，是艺术家闪耀的成功；在叛逆的布鲁克林，是艺术嚎叫涂鸦的布什维克乌托邦，是艺术家奋力创作的挣扎。

如今的布什维克依旧嚎叫，却是在欢庆属于布什维克时代的来临。Little Skips 创始店的十年，陪伴布什维克的复苏，区域价值随之增长，近几年已迎来布什维克的兴盛。紧临 JMZ 城轨车站的 Little Skips 创始店，因飘升的房租而艰难度日。尽管琳达竭尽全力，甚至用 Little Skips 其他咖啡店来平衡收支，但无法控制第十年房租的翻倍，若勉强坚持就要改变整个店面，包括不再作为艺术家创作展示和音乐演出的空间；咖啡和食物翻倍涨价。不能再让艺术家作为白天的栖居场所。或许，Little Skips 的夜晚将变成醉生梦死的酒吧……总之，改变虽然能使它留下，却会真正地让布什维克失去它，也让琳达失去创始时的初心，让它与 Little Skips 家族其他兄弟姐妹们灵魂分割。

　　十年前，琳达第一次进入这里，在堆积伤痛的墙壁、顶面、地板、玻璃里闪出她作为"永恒的女主人"的影像画面。那是在夜色里摇滚着音符的沸腾，在日光下展览新锐笔触的旋转，在初冬时集会先锋观点的讨论，在秋光中烹饪丰富食物的风景，在春风里捕捉咖啡产地的风味，在仲夏时烘烤肉食的缤纷……这一切被绘成 Little Skips 创始店的十年场景，也是参与 2019 年 8 月 26 日最后晚宴的人们所经历过的时空记忆，更是 Little Skips 咖啡店家族的兄弟姐妹所继承的创始店使命。因为 Little Skips 不会就此结束，为布鲁克林，为布什维克，为"崇奉小跳跃过人生"的他们，付出"咖啡、爱、艺术"的小跳。

　　请相信，Little Skips 绝不是泰戈尔诗中"天空没有留下翅膀的痕迹，但我已飞过"。

　　请坚信，Little Skips 注定是刺猬乐队摇滚乐"一代人终将老去，但总有人正年轻"。

—— **LITTLE SKIPS** ——

SPREADHOUSE CAFE
116 Suffolk St. New York, NY 10002

－ 停在树梢上的时空 －

阳光赤着脚
在威廉斯堡大桥上奔跑，
唤醒了
紧抱悬索睡觉的风。

　　2227 米，并不陌生的大都市，纽约、伦敦、巴黎、北京……
　　现实主义者的如常风景，被阳光追逐奔跑的人们，加速生命的时钟进程，跟随无止境的物质欲望，在看得见的都市里，抓住眼前的世界。
　　2227 米，有些陌生的大都市，纽约、伦敦、巴黎、北京……
　　理想主义者的非常时光，将时间停在树梢的他们，减速生命的旅行狂奔，跟随无止境的心灵直觉，在看不见的城市里，改变未来的世界。

　　阳光赤着脚，在威廉斯堡大桥上奔跑，唤醒了紧抱悬索睡觉的风。

　　2227 米，现实主义者被橙色灸热追逐着驰骋，一排排钢铁悬架的温度在回升，追随着布鲁克林穿梭的列车，伴随着旋转链条的单车，飘散着喘息飞流的汗水，涌向曼哈顿的滚滚人潮，为巨大的城市机器充入忙碌的动力。

　　威廉斯堡大桥于大部分人而言，只是步行、骑行、开车、地铁交通连接曼哈顿的每一天，一座他们通向工作，以及拖着疲惫，带回生存物料的桥梁。

　　阳光赤着脚，在威廉斯堡大桥上奔跑，唤醒了紧抱悬索睡觉的风。

　　2227 米，理想主义者将时间停上树梢，任凭太阳跳跃在悬索，碰撞着风带来的节拍，勾勒几何流动的步道，抚触嘈杂震动的音律，洞察混合交织的气味，回忆"你可以站在威廉斯堡大桥的怀抱里哭泣"的歌声。

他们并非是欣赏风景的游逛，而是捕捉感知中的思考和直觉。脚下这座形似埃菲尔铁塔的威廉斯堡大桥，极富现代之审美。其悬索裸露工业钢架的骨骼，与钢塔达成多重复合的交通方式，堪称兼具远见与风格化的杰作。但在 1903 年开通时，它却因缺少装饰花纹被嘲笑诟病"丑陋不堪"，即便它是当时最长的悬索桥梁。可见任何领域的创作，势必面临抉择。或迎合眼前大众喜好，向主流与平庸妥协，追逐既得的功成名就；抑或固执创作的诚挚，在质疑和否定的风险中勇敢前行。

不可否认，也有极少艺术家能达成双赢。就像艺术家克里斯·道尔（Chris Doyle）的公共艺术作品《通勤》（Commutable）。他以代表帝王至高权力和英雄最高荣誉的黄金为灵感，将这座大桥通向曼哈顿的一段破旧阶梯采用 22K 黄金箔覆盖，表达移民在纽约拼搏并创造不平凡之意。这段奢侈的黄金阶梯，营造出蔚为壮观的辉煌与尊贵，愈发令古老桥体显得破旧黯然。视觉在强烈对比中唤起功成名就的欲念，人们争相去体验攀行财富和权力的极致感受。但伴随重复行走和日常通勤，那般欲望满足后逐渐升起的漠视与空虚悄然而至，人们也共同见证着象征不朽的黄金被磨损，直到不堪。作品不是艺术家的附属，它在完成后就脱离创作者成为独立生命体，甚至背离或超脱创作者的初衷也屡见不鲜。然而作品也犹如一棵树，其创作初衷似树根，不论曾扎入泥土、溪流抑或绝壁石缝，其初衷的深度和广度关乎着成为独立生命体的未来。

威廉斯堡大桥于理想主义者，不再是一座工具性的桥梁，它是触摸历史向未来、艺术向反思、风景向灵感、现实向理想的一座通向创造力的起飞跑道。

Spreadhouse Cafe 没有日复一日的普通咖啡店故事，却有一幕幕树梢悬起在光影中的动态风景，一段段理想主义者的传奇剧情。

跟随无序跳跃的思绪，虚构现实编剧人的 Spreadhouse 生活，最好从漫步威廉斯堡大桥启程，向曼哈顿方向下桥转向僻静的萨福克街（Suffolk Street），进入曼哈顿下东区的心脏。这条表面冷清的安静街道拐角处澎湃着新哥特楼体的激烈心跳，以诗人克莱门特（Clemente）命名的艺术中心，集合多家剧场、画廊和排练厅，数十个艺术家工作室，成为下东区乃至整个城市波多黎各和拉丁美洲热烈文化的造血机。相约探望画廊的老友，料想他这时该在对面的 Spreadhouse 吃早餐。转身走向那扇与旧街道极搭调的店门，陌生人即便好奇地窥视窗内，也很难从里面的另类场景联想到一家咖啡店。

推门未入，身体被混合着烘烤吐司的咖啡香气和阵阵喷薄的拉丁节奏音乐所席卷，顷刻将初冬晨风的寒意剥离而去。回到前天、昨天，这一年来最多释放写作灵感的老地方，环视空间，似乎老友还未到。爬上紧贴墙壁的榻榻米木台，捧一杯西班牙诞生的可塔多（Cortado）咖啡，叼着半口素食南瓜面包，记忆中的每一次 Spreadhouse 早餐，都是

自然食材与味觉的相拥。让味觉在烤制的南瓜焦糖中继续游走，划出一道道橙色秋收影像的火花，奶泡包裹咖啡的浓郁翻动着舌头，犹如跟随一颗颗咖啡豆旅行在山峦中，倾听原野上奶牛的温情细语。被食材赋予的惬意，使身体与灵魂动容，将如此奇妙的味觉画面写入这部剧本的主人公生活里，让剧情变得更为立体与鲜活。当指尖在键盘舞台上律动芭蕾时，一些生疏的、熟悉的面孔不断推门而入。尽管没有见到来吃早餐的老友，但与经常出现在 Spreadhouse 的他们，早已是最默契的伙伴，每个人都有相对习惯的"位置"，而不是座位。不再拘泥于标准身体姿态的约束，自在无拘地去分享空间，只有"位置"的 Spreadhouse 是真的没有咖啡店的常态桌椅设置。可以在撞色格子沙发里舒展身体，也能在榻榻米上随性而坐，甚至还能在吊椅中晃荡，连共享大桌也是很随意地挤在一起。享用一份花样百出的甜甜圈、饱含热情的吐司、夹着肉类的贝果作为开始创作的动力早餐，让一杯醇香热可可、杏仁牛奶咖啡、Chai、抹茶拿铁等饮品去陪伴上午的工作时光。继续工作的屏幕上除了一串串跳动字符，还隐约映出那张洋溢着味觉满足的脸庞。

正如"Spreadhouse"的含义是"传播的、展开的房子"，被赋予双重角色的空间，不仅容纳了同名影视艺术制作公司，而且位于公司空间中的开放区域，被用来运营咖啡店。这样的折衷方式，最显著地分担了昂贵地价所造成的"典型性曼哈顿"狭小空间常态，使Spreadhouse拥有难得的高大空旷，恰好又因折衷方式所构建的视觉，企图模糊某种具体空间定义的标记，随时因需而变成公司、咖啡店、影棚、时尚发布、音乐会等场所。因此，Spreadhouse的空间基础性构成，既保持了自然质朴感：木地板与管道裸露出沧桑，切割墙面的本色板材线条与黑色块面构成的建筑形制，造就现代主义的视觉波浪，凝练出有态度的极简；同时，Spreadhouse的空间装饰性视觉具有艺术冲击性：12台叠摞的旧电视在入口处，有时放映相同的黑白模糊画面，有时干脆坦然显现无信号雪花屏，成为艺术装置的表达，对应空间深处的霓虹灯闪烁着紫色的迷幻效果，而踏上一块块铺陈出极高饱和度色调、竞相妖娆的古老东方纹样块毯，像是走进森林原野中仲夏夜的鲜花丛中。质朴与艺术平衡着空间的自由性，承载着每日在此游走的创作思想，激发起灵感飞扬的火花。Spreadhouse似是脱离曼哈顿下东区成为另类时空的存在，与其折衷主义空间运营不无关系。

这里的常客，艺术家和自由职业者们，是构建其反主流空间氛围的塑造者和统治者。他们用古老部落式的姿态与表情，调侃着绅士化的规则，在旷阔空间中席地围坐、旋转摇椅、倚墙伸展身体、背背相靠，无所顾忌、随性不羁地变换着姿态与神情演出。他们将Spreadhouse视作田野里、草丛中、大海边，直抵他们心之所达，似是低吟着普契尼《波希米亚人》中诗人鲁道夫"在梦想与幻想中，抑或空中的城堡，地球上没人比我更富有"的傲娇。沉浸在他们所渲染的氛围里，或追忆草坪聚会的嬉皮士年代，或一如绝壁悬崖上冥想静修的场景，或定格成科幻片地球毁灭后仅存人类的返璞归真。Spreadhouse成为尊崇自由至上的维度，他们共享着属于彼此的世外栖息地，他们就像田野里安静的、彼此无干扰的一簇簇植物，汲取充满随性与肥沃土壤中的养分，轻轻摇摆在阵阵食物与咖啡香气的微风里。任凭指尖跳动在键盘上，溢出一段段灵性的音乐、一幕幕虚构的真实、一幅幅写意的线条……

Spreadhouse 的常客由一群文化艺术创作者构成，包括编剧、作家、设计师、插画师、摄影师等，乃至很难定义的自由职业人。与他们毫无二致，开放这里的创始人格雷格·米纳斯安（Greg Minasian）和彼得·理查森（Peter Richardson）也是两位艺术影像的专注创作者，更是热爱生活的艺术家。如格雷格与彼得的期待，他们之间不存在咖啡主理人与顾客关系，而是能读懂彼此精神共鸣的平等。

作为非典型咖啡店的创始人，他俩深谙创作者的一切诉求，开放一处空间给大家，共同建构出利于创作的氛围。他们更悉心引入纽约精品咖啡先锋 Joe Coffee Company，著名糕点面包品牌 Balthazar，以及高品质味觉的食物与酱料用以补给创作者的身体所需。从早上的咖啡、糕点、甜甜圈，到午后的抹茶，各式鳄梨、熏三文鱼三明治吐司；从下午极富吸引力的优惠"欢乐时光"，到延长至夜晚的啤酒与红酒供应，从灵魂到肉体都在构建一处与众不同的栖息之所。

Spreadhouse 也从来不是一间咖啡店，而是一件被叫做咖啡店的空间艺术作品。格雷格与彼得作为创作人，也像克里斯创作金箔阶梯一样，肩负"想做些人们可以用到的东西"的使命。在一杯咖啡里，灵性的音符徐徐燃烧；在半块面包中，晕染的色彩迎风舞蹈；在啤酒泡沫中，跳动的文字光芒闪耀；在理想主义者的世界里，庆祝停在树梢上的时空。

—— SPREADHOUSE CAFE ——

V
德彪西的酒杯

摇曳的倒影中
是
季节在涂写

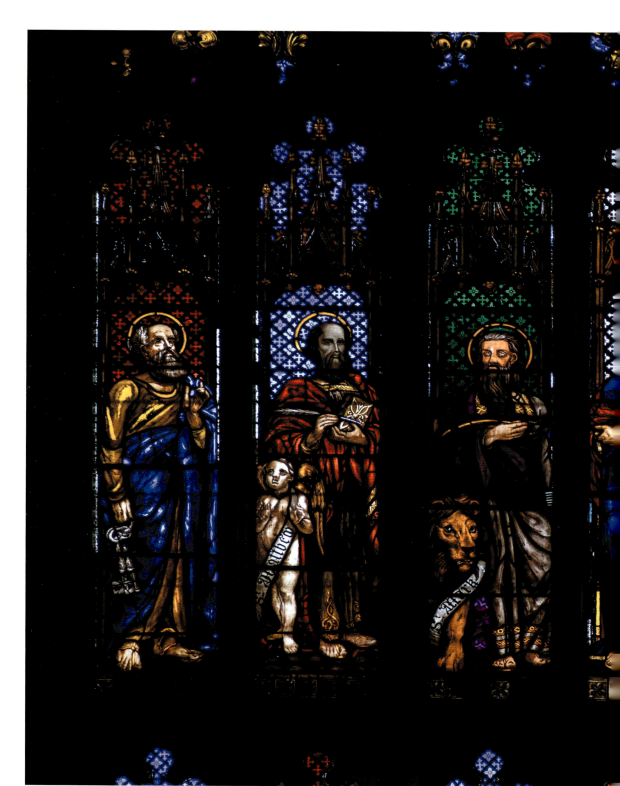

GROUND CENTRAL COFFEE COMPANY
155 E 52nd St. New York, NY 10022

- 给纽约的一封情书 -

你好，纽约：

即便我也无法解释对你的爱是从何而起，但我却不能停止一刻的深爱你，纽约。

直觉这份爱，该是一种经历隔世辗转，却未能丝毫削减的刻骨铭心，是有着超越时空与生命轮回的不朽，以至于上天会质疑这样的存在。

于是，上天考验我的真心，让我不能出生就陪在你身边，一定要斩断在法国的安稳生活，才能获得回到你身边的门票；

于是，上天考验我的决心，让我必要历练千般所长成为更好的自己，才能配得上走上通向你的路途；

于是，上天考验我的诚心，让我结束在巴黎经营已十年的咖啡店，才能拥有为你写下情书的权力；

直到上天也终明了，任何考验于我而言也只是同一个答案：我爱你，纽约，矢志不渝。

终于，我能赶赴你身边，给你我的爱，我的全部。

我深知爱的付出，并不是那般粗燥鲁莽的"把世上最好的给你，让你成为最幸福的城市"，而是细心去倾听感知你的所想、所愿，所需，再以倾尽所能与所不能的奉献，使你拥有一份独一无二的宠爱。所以，在之前的一年，无论从春日、仲夏、秋风、冬雪的季节变换里，抑或是清晨、午后、黄昏、深夜的时间轮转中，我将脚步落遍街边、小巷、广场、楼宇、公园的场景处，细细默默察觉并记录着关于你的一切，以求想你之所向、做你之所需，予你灵魂与身体之所期许的完美爱情。

我懂得"咖啡是纽约生命之血"，所以，请允许我在你中央区的心中，为你写下这封情书，以 Ground Central Coffee 来守护你，并且承诺爱你的卑微与勇敢。

艾蒂安·维克 (Etienne Wiik)
2012 年冬

自此，破晓晨光一次次划开情书的黑色信封，位于曼哈顿中城的 Ground Central Coffee 亮起一份不曾晚点的守候，照亮他写入纽约心脏里的情话空间。那盏盏吊灯发出的温情，聚光在长长吧台上，新鲜烘烤制作的各式馅料羊角包、可可与奶酪烤饼、巧克力与坚果曲奇、焦糖卷饼、梨子核桃与原味布朗尼蛋糕、蔓越莓与杏仁甜甜圈、经典与家族番茄三明治等美味，这些难以详尽罗列的数十种餐点，是由 Ground Central 精心甄选的纽约烘焙食品实力派 Mille-Feuille、Blue Sky 和 Colson 特别供应，同时又合作精通农场美食的厨师贾森·伍德（Jason Wood）制作出品。这些美食家赋予餐食以美妙的歌喉，为纽约中城工作生活的人们颂唱自然食材的风味，敲响烘烤焦脆的节拍，绘制出一幅幅源自乡村农场、果园山间的田园风景。在纽约东河的晨风中，那些行走的公文包们总会丢失身体的热量，而非凡的 Ground Central 咖啡管弦乐团争相向他们展开了温热怀抱。意式咖啡系、手工滴滤与异域创意咖啡是三大声部，构成全维度咖啡出品当是基础；渊博而热情沟通的咖啡师乐手，组成卓越的咖啡师服务团队是责无旁贷；合作顶级咖啡烘焙品牌，为纽约季节量身定制专属咖啡味觉更是情之所至。为守护纽约爱人，奉上被视为纽约生命之血的一杯杯咖啡。由"风中的纽约之鸽"La Colombe 烘焙单一产地咖啡豆和作为浓缩咖啡基底的混合拼配咖啡豆，平衡味觉与醇厚口感带来温柔触摸口腔的苏醒，些许水果风味酸度是挑逗舌尖的耳语，一丝焦糖的回味如是暂别的额头亲吻，给忙碌工作压力下的西装革履留存轻抚心灵的慰藉。

　　当 Ground Central 自信且当之无愧成为"纽约中城东最好的咖啡店"时，第二封属于午后时光的纽约情书也如期而至。

你好，亲爱的纽约：

　　感谢你能接纳我，默许 Ground Central 驻在你心中，让我去温热滋养那些为忙碌生活而奔走的灵魂。我是如此幸运，能将那一杯补给你生命之血的咖啡递送到他们手中，看到他们喝下时的满意微笑，我仿佛赢得世界而举起酒杯庆祝的国王，而你正是赐予我至高荣耀的女王。我相信过去、现在抑或未来也不会再有比我们更默契的恋人。我想你知道，Ground Central 是我给你的情书，我想我明白，他们的满意笑容是你给我的回信。这就是我们的爱情！在你心中我的欢喜是天堂，在我心中你的欢喜是信仰。

　　另外，我想请求你的允许，让 Ground Central 成为曼哈顿中城远离喧嚣的避难所，为在这里行走的疲惫魂灵充入你的时光故事，毕竟驻扎在你心中的，从不该是销售咖啡与美食的目的地，我希望人们愿意坐下来，与我一同去感知、去沉醉于你的神奇与美好，和我一样深深地许你以真挚的爱情。

你的爱人艾蒂安
2013 年午后

当太阳已攀升到高耸大厦的顶端，纽约中央区的西装革履们从四面八方涌入 Ground Central。那些熟悉面孔的咖啡师，总会在制作饮品的同时，幽默地延续昨日点单时未结束的话题。这成为切换心情休闲的信号，好好享受一份最受欢迎的山羊奶酪甜菜沙拉、经典熏火腿三明治，搭配一杯污茶拿铁（Dirty Chai Latte）展开序幕。很多时候，直到午餐或午后才恍然，Ground Central 是一封有着老纽约情怀的黑色情书。"黑色"打开旧时光，即便是喷薄阳光的晌午，空间亦是夜色阑珊中的深邃格调。墙壁、吧台乃至一切桌椅配置都是纯黑，唯独点光暖色射灯指向壁画。澳洲街头艺术家希斯科(Heesco)被邀请到此创作，用粉笔绘画老纽约的时光记忆。由纽约地铁线路开启时空穿梭，重温纽约二十世纪七八十年代，本是乡村布鲁斯定位的 CBGB（1973 年成立于纽约东村的著名摇滚朋克音乐俱乐部）所造就的传奇摇滚现场，成就纽约作为朋克文化的骄傲诞生地、地下音乐运动的圣地。呼应壁画故事的笔触，音箱播放着 CBGB 承载后日摇滚殿堂级乐队的歌曲，墙边排列的大量唱片专辑，旨在触摸到黑胶唱片的质感，寻找低沉念白唱腔的卢 · 里德（Lou Reed），或传声头像（Talking Heads）轻摇的 "Fafafafafafafarbetter"（好……好得多）。拿起唱片专辑交给咖啡师播放，跟随音乐与壁画的故事游走时光。人们体味到曼哈顿那些争相耸入云霄的巨大楼体仅仅是纽约的躯体，而曾经的他们，此刻的你我才是纽约灵魂的自豪。

"成为曼哈顿中城远离喧嚣的避难所"并非虚言。无论是拖着倦意的深秋午后，抑或躲避着驰行焦急的黄色出租车，穿行过交织游客与西装的吵闹街区，被瑟瑟河风再次撩起风衣的尴尬，背负怎样焦灼沮丧心情的魂灵推开 Ground Central 的黑色大门，这些都是"避难"的开始。转瞬间，被拥入温软光束中，只消一杯手工热可可，仿佛被温情脉脉地牵着手，引向空间的幽深之境。背靠书架墙，蜷身在旧皮沙发里，躲进落地灯的阴影，随机打开精装犯罪惊悚小说，把灵魂交给正义与罪恶，随连环杀人案推理谁是真凶。毋庸置疑，一部小说是短暂逃避现实纷扰的速效良方，Ground Central 即为纽约恋人别出心裁地构建着优雅神秘的黑色书香时空。

在与悬疑情节独处的文学时光中，不觉外面已是暮色低垂。伴随音箱中播放朋克女诗人帕蒂 · 史密斯（Patti Smith）在 CBGB 首唱的《因为夜》(*Because the Night*)，第三封倾诉夜色的纽约情书被打开。

我的纽约爱人，你好：

*　　与你度过了白昼的忙碌后，我期盼看到你夜色中的妩媚灵动，就像帕蒂唱起《因为夜》的歌词："因为夜属于生活、因为夜属于爱情、因为夜属于恋人们、因为夜属于我们。"*

爱你的艾蒂安
2013 年黄昏

　　他说，夜色是抚慰摩天大楼里忙碌灵魂的良方，黄昏时分他已开始等候，期盼纽约恋人的归来。直到，高跟鞋咚咚踏响着脱色木地板，洒落下一串串的银铃笑声，私人订制的庆生酒会已经开始，下班后的中城白领丽人已换上纷呈光彩的华服，裙摆在吧台与幽深书房间流光溢彩地旋转，碰撞的酒杯映衬着脸庞的红晕，柔软的发丝在光影中轻舞飘扬。经典老摇滚的黑胶唱片已停转，爵士摇摆着任性的音符，伴着柔美莺声的耳语，在杯沿印出唇边的笑意。当纽约午夜的静谧来临，他送别带着醉意微醺的她们和他们，转身走回 Ground Central，准备迎接另一个黎明时分的忙碌。"咖啡是纽约生命之血"为承诺，在清晨以深情的爱之宣言，倾力宠爱纽约的忙碌灵魂；在午后以老纽约的旧时光，深情呼唤纽约的难忘回忆；在夜晚以酹满浓情的酒杯，款款舞动纽约的灯火阑珊；用 Ground Central 的咖啡空间情书，拥抱纽约的黎明，亲吻纽约的夜色。在每个破晓来临前寄出又一封写满情话的黑色情书。

　　此刻，他的纽约爱人已悄悄回到那如曼哈顿网格街道般排列着的、如中央车站时刻表翻动般整齐的店招下，守护着他们的 Ground Central。就像很久以前夜色里，她偶然发现那个男人的背影时，就已在此地安静等待。等他穿越北大西洋的蔚蓝，在二零一三年的晨光里将这封情书投递。信件飘向林立纽约地标的列克星敦大道（Lexington Ave.）与比邻豪华楼宇的富有上东区第三大道（Upper East Side 3rd Ave.）之间，落入世界最大商务区的曼哈顿中城东 52 街 155 号（155 E 52 St.）。打开以 Ground Central Coffee 命名的咖啡空间情书，继续这份超越时空与生命轮回的不朽爱情。

—— GROUND CENTRAL ——
COFFEE COMPANY

KAFFE LANDSKAP NYC(KAFFE 1668)
275 Greenwich St. New York, NY 10007

－ 遥远的使命 －

它们在古老的山峦森林中舞蹈，跃起灵动的岁月，背起丰收果实的甜蜜。

它们从斯堪的纳维亚半岛出走，穿过僵硬的寒冷，披着正午黑色的神明。

它们在纽约的摩天大厦中驻足，踏入喧嚣的匆忙，仰望不见星星的夜空。

它们是奔波着穿越时光、地域的一群小羊。

没人明白小羊的使命，咖啡懂得小羊的倔强。

它们只是想为人们找回，被偷走的咖啡自然风景。

小羊们的故事始于很久、很久以前的午后。

为了躲避埃塞俄比亚热带高原的骄阳，一群小羊攀爬到山峦丛林间。当它们争相钻过一片灌木时，发现缀满枝桠的绛红浆果飘出阵阵甜蜜香气，透过阳光的繁茂叶片映出娇艳欲滴的浆果。小羊们毫无犹豫地抢食这些神秘的果实，很快，被莫名而至的兴奋与快乐充斥着身体的小羊，在午后微风拂起的树林间，在光影旋律舞动的草丛中，憨态萌然地跳跃、摇摆、旋转……大汗淋淋追赶而来的牧羊人卡拉迪（Kaldi），被小羊们从未有过的俏皮舞蹈场景惊呆了。他疑惑地拾起一颗小羊们咬过的浆果，小心地舔舔，一丝活泼清爽的甘甜滑入口中。他又从几株低矮枝桠上摘了几串仔细品尝。莫名地，他感到身体与心中涌起快意和活力，不禁与他的小羊们一同舞动。作为虔诚的穆斯林教徒，卡拉迪将一大捧似是神赐的奇妙浆果奉给清真寺，并向最渊博的伊玛目讨教。尽管浆果的秘密难倒了所有的伊玛目，但他们却机缘巧合地探知出令其发挥最大功效的制作方法：剥离果肉，处理干净果核，烘烤果核，碾碎熟豆，沸水萃取，滤渣后饮用。如此一杯饮品，成为了虔诚教徒们深夜诵经时击败困意的秘方。

关于咖啡发现的传说里，小羊的故事是最被人们所相信与传播的。跳舞小羊和它们的后代，珍视自然赋予的奇遇，继续安居在山林间，主动承担着守护咖啡树的责任。直到很久后的一天，它们迎来了从城市历经艰难险阻，最早探访咖啡发源地的咖啡人。他们如同寺庙中坚守信条的僧侣，立下誓言探求咖啡味觉的真相，关心每一株咖啡树的生长细节，专注每一颗咖啡豆的品质，他们是为提高咖啡品质竭尽全力的精品咖啡先锋者。小羊们也伤心地得知，咖啡在人间已沦为苦涩难咽的饮品。作为跳舞小羊的后代，它们怎能再继续安享山峦的宁静？它们必须以实际行动支持这些精品咖啡先锋。小羊们分成几队赶赴人间，为咖啡品质流逝的世界倾尽所有，只为找回最自然的咖啡风景。

其中一队小羊来到斯堪的纳维亚半岛，用内心的温情与纯粹唤醒人们尊崇自然的力量，激发对咖啡真相的探索，向人们普及咖啡味觉与品质的认知，它们使今日北欧咖啡被全球精品咖啡人所瞩目。方才达成北欧任务的小羊群，又夜以继日赶赴纽约，协同已前往美国的另一小支羊群一起完成使命。

从北欧赶来的小羊群，还未脱去抵御严寒的厚厚卷毛，就已站在曼哈顿下城的街头。它们遥望攀升中的新世贸，摩天楼竞相触摸云霄，却看不见夜空中的星星。都市的浮躁与繁华，使小羊的天然显得稚拙、质朴、落伍。与时尚街区格格不入的它们，憨态地数着怎么也数不清的穿梭车辆，笨拙地扭动身体舞蹈。它们向匆匆人流用所学过的语言发出"你好"的问候，惹来路人们的好奇微笑，却没人肯为它们停下一刻。路过的兄弟米卡（Mikael）和托马斯·特恩伯格（Tomas Tjarnberg）听到小羊问候的瑞典语"Tjena"（你好）时，难遇的乡音让他们忆起童年时的小羊伙伴。于是他们便停下来与小羊搭话："你好，你们迷路了么？"

　　小羊们兴奋地聚过来围绕着他们："你好！我们要在这里为人们做咖啡！"它们指着脚下的街道。

　　"这里？这里可是纽约最奢豪的翠贝卡（Tribeca），你们看，高楼壁障了哈德逊的河风，浓郁的商业氛围挤压了氧气的浓度，或许，这里很少有人去认真地喝咖啡……"米卡劝说道。

　　"可是，翠贝卡是纽约最古老的工业与商业社区，《城市荒野中的开拓者》书中的艺术家也创造了奇迹！我们也要像他们一样，去创造翠贝卡的咖啡风景！"认真做过功课的小羊们憧憬着。

　　"如今，翠贝卡已经是大牌明星和名人汇集的富人区，自然的乡土气有可能会遭冷遇！"托马斯理性地劝导。

　　未料，小羊们听完却呼喊着："咩咩！大人物的翠贝卡，我们不怕任何困难，我们要为翠贝卡带来咖啡风景！"

　　如同北欧人在极夜酷寒时的乐观倔强，小羊们天真无邪地蹦跳起来，闪耀着极光的纯净绝美。恍然间，米卡和托马斯的心灵深处升起源自瑞典人的激情与果敢，他们决定把一直在讨论中的"为纽约带来斯堪的纳维亚式的温情咖啡店"安置在翠贝卡，与小羊们一起为这里带来咖啡风景。

　　2009年秋，翠贝卡格林威治旧法院姐妹大楼下，即格林威治街275号（275 Greenwich St.），一家古怪名字的咖啡店品牌Kaffe1668开幕。"Kaffe"是瑞典语的"咖啡"，"1668"是纪念纽约历史"咖啡取代啤酒成为人们早餐饮品"的1668年，组合成为蕴含着瑞典咖啡特质与纪念纽约咖啡时刻的Kaffe1668。小羊们也忙起来，为每个咖啡杯涂写"Kaffe1668"，作为它们绘画咖啡风景的序曲，让手写体的"自然"行走在纽约街头。

小羊们期待绘制咖啡风景的核心，与特恩伯格兄弟想表达的斯堪的纳维亚风格，不谋而合。于是，Kaffe1668 咖啡的空间，从"光"开始，向"自然"致敬。

巨大玻璃门窗邀请阳光进入，点点烛光点亮了粗朴木纹的桌面，空间被烛火散发的温热照亮着，白色裸露的墙壁上的巨大镜面，映出一张张红润的脸庞。回归生命原初力量的悠远之火在人们心中蔓延开来。小羊说，"自然"从未离开，是人们需要"回归"。

小羊们热爱 Kaffe1668 的质朴活力，它们攀上带有自然雕刻年轮的木板书架，表演调皮捣蛋的滑稽动作；它们爬上可触摸到粗犷质感的木座椅，陪顾客们上网冲浪；它们蹦上摆满各种美食的吧台，招呼人们品尝各式从农场到餐桌的自制餐食。它们一边自信夸赞北欧风格的大块海盐巧克力和豆蔻饼干有多香甜，一边列举帕尼尼和沙拉里的食材有多丰富，一边称赞超过四十种的手工有机茶饮和鲜榨有机果汁有多可口。当然，小羊们更会以最专业的状态，讲述关于咖啡的一切，而且面对咖啡制作时，它们甚至会屏住呼吸，生怕打扰咖啡师的工作。它们也默默向咖啡师学习如何使用保证萃取精准的专业设备。小羊们更骄傲于咖啡师用杏仁、燕麦、大豆替代牛奶所制作出的特色拿铁咖啡系列。每每 Kaffe1668 弥漫起它们的故乡埃塞俄比亚咖啡的水果芬芳时，小羊们总会为人们跳起它们祖先第一次吃下咖啡浆果时的舞蹈。

小羊们告诉特恩伯格兄弟，大都市中最不自然的，是人的冷漠与孤独，是太多行走在街区里的孤寂魂灵，那是比烤坏的咖啡还要苦涩的生活滋味。对此，特恩伯格兄弟也感受颇深。他们大胆将北欧的人情氛围融入 Kaffe1668，使用多个共享大桌和共享长凳作为顾客空间区域设置，提供一次次似若巧合的相识机会。他们希望通过物理方式，将人与人聚在一起，更近的距离能让人们听到彼此的呼吸、嗅到彼此的气息，而通过无意中的肢体触碰，产生古老的亲密感。毕竟，人类是"自然"的一部分，还原人作为动物的自然状态，让共享设施的"偶然"，"破坏"都市过度的礼貌与互不干扰原则，成就了 Kaffe1668 凭借自然直觉滋养的自然风景。

　　通过特恩伯格兄弟与小羊们的共同努力，开业不久，Kaffe1668就赢得了翠贝卡乃至整个纽约城的瞩目，是小羊的纯真让翠贝卡社区变得活力四射，是小羊的调皮使人们重获热情互动与欢笑，随后他们也发展了几家新店，让Kaffe1668为翠贝卡燃起更多温热的烛火，使斯堪的纳维亚的自然咖啡风景得以用更丰富的方式展现。小羊们感激特恩伯格兄弟为Kaffe1668所付出的不懈努力，十年后将Kaffe1668更名成为瑞典语"Kaffe Landskap"（咖啡风景），以回报他们塑造出最独特的"纽约式斯堪的纳维亚精神"。

　　一切的源头或许是小羊们对咖啡使命的执着坚持，或许是特恩伯格兄弟的勤勉努力，或许是斯堪的纳维亚奥丁（Odin）之神的祝福，或许是总能滋养出传奇故事的纽约沃土，更或许自然本是一切生灵之源。当人们愿意拥抱自然、适应自然、学习自然，不再愚昧地认为自己能成为自然的主人，强迫自然去变成"自然"时，自然也将予以人类无穷的力量和神奇。自然始终不曾放弃人们，无论曼哈顿冲天楼宇如何密集，哈德逊河依旧滚滚向前，那河风也总会拂过人们的脸庞、抚摸人们的心灵。就像千年前令小羊们舞蹈的神秘果实，自然将咖啡赐予人们，为人体充入神奇的力量，助力着"苏莱曼的壮丽"、助力着欧洲冲破蒙昧走向理性时代、助力着美国成为独立国度，那些所有的一场场、一桩桩、一件件由咖啡引发的事件，推动着过去、现在、未来的我们，奔跑向社会发展的新进程。

—— **KAFFE LANDSKAP NYC** ——
(KAFFE 1668)

VI

凡尔纳的皮箱

记忆看见我
打开
喧嚣的皮箱

LITTLE COLLINS NYC
667 Lexington Ave. New York, NY 10022

- 世界上的另一个我 -

当顾客因精品咖啡而惊艳，它学会了第一种表情：惊喜微笑；

当顾客因互动服务而雀跃，它学会了第二种表情：捧腹大笑；

当顾客因它呆萌可爱而逗趣，它学会了第三种表情：疑惑不解。

随着指尖滑动手机，发出咖啡因与味蕾的午间警报，蜂鸣生成的一张张订单，穿过摩天楼的钢筋水泥，汇成雪片般喷薄涌向莱克星敦大道 667 号（667 Lexington Ave.），抵达 Little Collins 的接单平台。从几小时前，狭小空间的 Little Collins 就未间断接待顾客的堂食或打包。午间时分，除了从摩天大楼直抵的白领，更有世界各地的游客人潮，线上线下的觅食者们层层叠叠向 Little Collins 围拢，店外排队长度也在渐渐加长……面对超载订单的它，却保持着镇定自若，一边按照整体接受的订单顺序，协助厨师以难以置信的制作速度出品，一边帮助咖啡师在吧台为顾客沟通服务与制作，奉上一杯杯风味口感俱佳的精品咖啡，同时外带台流水线正以秒计时地推出编号订单餐袋。就像传说中的小魔盒，Little Collins 秩序井然，一切看似难以完成的任务都被有条不紊地掌控，以难以置信的速度出品着令人赞不绝口的味道，成为纽约中城中央商务区中熠熠闪亮的绿色小珍宝。

是的，它有着清凉绿松石色的光滑皮肤，有着古怪憨态的可爱性格，是支胖嘟嘟的咖啡杯。才刚出生，它就被一位慈爱的老奶奶捧进大大的行李箱，跟随着她的儿子莱昂·恩格里克（Leon Unglik），穿越了蔚蓝的太平洋，飞行半个地球、16672公里的距离，一起到达聚集最多摩天楼与高级酒店、豪宅的纽约曼哈顿中城。

至今它还记得2013年的那一天，经历二十多个小时的飞行颠簸，听着交杂人流与车流的喧嚣，嗅着炎热仲夏咸咸的空气，当他们抵达莱克星顿大道667号，从行李箱的憋闷中兴奋地走出时，它环顾四周却发现这里与曼哈顿中城的奢豪繁荣有着天壤之别。数十平米的空间不仅狭长、拥挤、低矮，且简陋的白色铝板顶面上，那粗糙的铸铁灯口竟然是裸露灯泡，就连亚麻色板材拼接的墙面也毫无修饰，甚至顶面右侧还暴露出排风管道，与墙面架出的三张小桌寒酸搭配。最难以接受的是左侧贯穿空间的长线吧台，那里为功能舍弃美感而设置的不锈钢管头，竟是"咖啡饮品制作区"……那一刻，这间以自己命名的空间，令它想躲进行李箱永远不出来面对。恩格里克并没解释什么，只是将它放入水池精心清洗、轻轻擦干，捧它到空间中最显眼位置上。他那表情似是为王子加冕的神圣，他那眼神中闪烁着希望的光芒。直到很久以后，它才知晓他的用心以及自己的真正来历。

如今，作为曼哈顿中城精英的小珍宝，它频频出镜在美国饮食与咖啡业的媒体报道中，更是被各种奖项包围着。而它明白这一切都归功于他，一位认为不做律师的咖啡师就不是好咖啡店创始人的男人——莱昂·恩格里克。

也许，恩格里克很难被故乡人的生活观所认同，但他却和很多创业的纽约客一样，有着为梦想的疯狂飞行，有着为理想的踏实前进。曾是著名公司资深律师的他，虽也拥有过让人羡慕的职位与薪资，但那时的他不能感到快乐。搬迁到纽约，当他列出"生活必需品列表"的第一项时，他突然明确意识到自己内心对未来真正的朝向。待妻子工作稳定，家庭生活安顿好后，他辞去律师职位，开始推进 Little Colins 的各项筹备。除了专业咖啡训练外，他进入几家精品咖啡店工作，且任职多岗位来学习和历练自己——包括从任职最低工资标准的咖啡师，到专业咖啡培训师，直到升级能良好运营整间咖啡店的管理者。同时，他更不断奔走于纽约城的各个物业，寻找合适的店址空间。当他列出"生活必需品列表里的第一项：高端商用咖啡机"的那一刻，一切拼搏让他正前往内心所向的新未来。

终于，经过漫长到令常人难以理解的三年半筹备期，恩格里克在2013年，正式打开 Little Collins，同时它漂洋过海定居到曼哈顿的新家。

　　当 Little Collins 的营业面对着巨大流量顾客时，它才渐渐明白，室内装修与家具的极简朴素，是恩格里克希望在满足顾客流量的同时，更要保证产品品质与服务体验。尤其是苛刻于咖啡品质与咖啡互动的他，将精力、财力侧重于此，斥重资在纽约咖啡店中首装全套 Modbar 系统（包括意式浓缩系统、手冲系统、蒸汽系统），用以追求将咖啡设备置入台面下来保证最顺畅的顾客沟通，又可依据咖啡豆的差异精确萃取咖啡，且获得更快速稳定的出品。他还合作 Counter Culture Coffee 以供应其非凡品质的咖啡豆，严格培训咖啡师的专业技术与服务。他的努力让它看到，貌似"不讲究"的空间设置，都是"最讲究"的细节用心，让每一个顾客都能在此获得最卓越的咖啡体验。

　　当它看到 Little Collins 的咖啡消解着曼哈顿中城的喧嚣压力，它除了感到骄傲，更希望也能做些什么来帮忙。于是，它默默观察顾客的需求，学会了获得人们宠爱的新本领。

　　当顾客因精品咖啡而惊艳时，它学会了第一种表情：惊喜微笑；当顾客因互动服务而雀跃时，它学会了第二种表情：捧腹大笑；当顾客因它呆萌可爱而逗趣时，它学会了第三种表情：疑惑不解。正是它的"表情"，成为化解纽约紧张节奏的"甜品"，更被视为 Little Collins 的招牌"菜单"。

　　一个不平凡的日子，墨尔本市长亲自将刻着 "Lt. Collins St. 331-253" 的门牌赠予 Little Collins。这份贵重而荣耀的礼物，这个与它同名的门牌，使它再也无法忽略自己的身世之谜，它决定向恩格里克问个清楚。

　　"让我们一起穿越太平洋的蔚蓝，飞越半个地球、16672 公里，逆向七十年的时间刻度，回到二十世纪五十年代的澳大利亚墨尔本。在市中心有一条小街，伴随市中心大楼竞赛般地攀向天空，小街失去阳光，再也难见星星闪耀，可它从未因此放弃憧憬希望。当越来越多的公司入驻附近的办公楼，小街上也亮起了一些窗口。从清晨到午后，那里不断飘出阵阵咖啡的香气，推出轮转季节的新鲜食物，为附近的上班族补给着咖啡与食物的能量。逐渐地小街聚集起众多知名咖啡店品牌，成为墨尔本市中心最瑰丽的咖啡味觉风景，成为澳大利亚乃至全球都闻名遐迩的咖啡胜地。这条小街的名字是 'Little Collins'，那是世界另一端的 Little Collins，为墨尔本忙碌上班族带来咖啡与美食补给；而纽约的你，是为超速忙碌的纽约客，带来丰富精致的咖啡与食物双重补给的 Little Collins。相隔万里，你们都是为人们带去咖啡生活的美好享受、带去咖啡生命动力的 Little Collins。"恩格里克讲述着，那表情如同在 2013 年将 Little Collins 捧起时的神圣，眼神里依旧闪烁着同样的希望光芒。

　　那一刻，它也终于明白，Little Collins 为什么与大多美国本土咖啡店不同——他们均以咖啡为主，供应意式、滴滤、手冲的系列咖啡，搭配几款单调的糕点、面包、饼干。而 Little Collins 却要用几十平米的小营业面积，超载负荷咖啡出品的完整系列，还有澳洲特色的咖啡菜单。此外食物就更加丰富，从多样化的糕点、面包、饼干，到复杂的数十种午餐供应，还要不断随季节性食材推出新品，力求全维度的精致化。

　　那一刻，它决定将自己的三种表情和自己奉献给恩格里克先生，奉献给与它并肩工作的咖啡师们，奉献给世界上的另一个自己，奉献给在世界各地那些为咖啡梦想疯狂飞行、为咖啡理想扎实行走的咖啡人！

—— **LITTLE COLLINS NYC** ——

MAMAN NYC
239 Centre St. New York, NY 10013

－ 下一刻醒来 －

　　和一对恋人谈好婚礼策划细节后已是夜幕低垂，曼哈顿 SOHO 的咸味麝香与香草气味陪伴着伊丽莎。她匆匆走下破旧阶梯进入地铁站，可能是刚才会议时过于投入，她疲惫得忘记将衣兜里备好的零钱放进地铁艺人们的饼干盒，直到随列车轰鸣，扑面而来湿润尘土味道，她才有些力气感到饥饿。

　　"若刚才的咖啡店有卖烤咸蛋饼就好了。"这个有点奢侈的念头浮现时，不远处有个女孩正唱着一首法语歌："那些地铁里拥挤堆积的梦想，那些被摩天高楼俯视的我们，像一只困在酒吧里的小鸟……看看你的女儿创造了什么，妈妈。我的追求没有任何意义。"尽管伊丽莎并没听懂所有歌词，但她听到了歌词里的"妈妈"，以及女儿向母亲倾诉的忧伤。百感交集中，伊丽莎深吸了一口气，瞥见指示牌显示列车还有 3 分钟进站。她走向歌声正放下零钱时，身后列车门正发出僵硬的展开声，伊丽莎快速跑进车厢坐下。随列车出站歌声也恍惚远去，映在油污玻璃上，她疲惫面庞也缓缓合拢着双眼……车内灯光闪了几下，列车停下来。她惊慌地站起来，伴着车门"哐"的展开，刚刚那远去的站台歌声重新飘入耳朵，窗外的光把车厢晃得一片银白。她环顾车厢里只有自己，心想：天呐，在车厢里睡了一夜？列车是在回库吧……

　　伊丽莎用手掌遮挡着炫目的光，她走出车厢就被眼前的景象惊呆了……

　　炙烈的橙色阳光泼满田野，透过树叶舞动在垄垄紫色的薰衣草田上，晕染出深深浅浅的绯红色块，远处缓坡草甸也被太阳播洒出一抹抹的金色块……在这田园诗情的梦境里，伊丽莎缓缓放下遮挡阳光的手，嗅着混合花朵青草泥土的幽香，倾听阵阵清风由远及近、掠过遥远的山脉、树林、草甸的天籁之音，任凭阳光温柔地拥抱身体。她尝试去触摸簇簇紫色的花朵，那荡起花簇涌动的花浪，如柔软的天鹅绒爱抚着她的指尖。沉醉其中的伊丽莎不由放松身心，缓缓展开双臂旋转起来，她愿意接纳这美妙的时刻。置身花海中，她无暇顾念地铁列车已消失的事实，只想好好享受这似若天堂般的地方。不过，她还是感到饿了，决定从花垄间穿行，向缓坡上面的那幢灰顶屋舍走去。

接近屋舍时，伊丽莎望见摆满白色花朵的门廊间，有个身穿蓝花白裙的年轻女人正向自己微笑挥手，那窗间柔和光晕中的身影让伊丽莎不敢相信，竟是记忆中最熟悉的她，而迎风扑入鼻腔的香气也是她独有。此刻，她加快了脚步，心跳呼吸变得急促，涌出一股热流虽然模糊了视线，但已清晰可辨就是她那年轻美丽的面庞，不必怀疑，那就是记忆里儿时的妈妈啊！

"慢点儿跑，宝贝！"她正向伊丽莎张开双臂。

"妈妈！妈妈！"眼眶喷涌出的热流令伊丽莎不顾一切地奔向她。

当她扑入妈妈怀抱的瞬间，她们的身体却似两束光，交织后穿过彼此。等伊丽莎在踉跄中回转身体时，妈妈却抱起一个小女孩，正是小小的伊丽莎。望着她们在彼此的笑声里旋转，伊丽莎才回想起，刚刚自己呼喊"妈妈"时，还有个稚嫩童声在伴随。

"难道我是在时空中穿越么？"伊丽莎自语道，"但是，除了妈妈和小时候的我，这个时空里的一切……我从未来过啊！"反复思索也不得其解时，她被房屋里飘出的食物香气又一次唤起饥饿。转身再回望妈妈和小伊丽莎时，回廊里早已空空荡荡，留下孤独的白色旧木椅还在凝视远方。

伊丽莎决定找些食物。她拉开"吱呀"声的旧木门，小心地走进这间飘满食物香气的房间。环视四周，从地板到立柱乃至墙砖都已褪失成本色，倚墙而立的独轮木车和木箱等家具也磨损了边角，她发现一切器物虽很古旧，却被清洁得一尘不染。整个房间被白色雕花顶面垂下的老吊灯，与交错盘旋的节日串灯映衬，散发着明亮与欢乐，在家庭温情饱满的氛围里，她感到放松和舒适。伊丽莎放下对陌生房间的戒备，寻着食物香气进入长长的过道。她经过时看到墙面上悬挂着小孩黑白相片，那般纯真和童趣的样子让她忍俊不禁。走入里侧大房间，伊莉萨被散发着食物香气的"源头"震惊了。不单是因为那张餐桌过于巨大，更是由于餐桌摆满的食物和饮品太过于丰盛与丰富，即便作为数十人的聚会用餐也是超量的。数十种甜咸面包、各式蛋糕与饼干、各种馅料蛋卷等点心被交错叠放，盛满着七八个超大的餐篮，各种新鲜食材和酱料肉类的沙拉也有十几个大盆，就连制作复杂的数十种肉类菜肴也盛放了几十个大盘，甚至还有很多菜肴、汤食、五花八门的酱料都是伊丽莎根本叫不出名字的，另外的饮品也是目不暇接，不但有几队排列整齐的咖啡杯争相散出热气，更有几十种注入了五颜六色饮品的玻璃杯让伊丽莎眼花缭乱。她就近拿起一块蛋饼，但她的手如空气般穿过蛋饼和盘子，就像之前扑向妈妈一样的落空。

"怎么会这样！能闻到香气，也能感受到温度……"她愤愤地拉椅子坐下，将双臂放在餐桌边沿，突然想到，桌椅是真实的，刚才触摸过的相框也是真实的，她无奈地唠叨起来，"这些没什么用？还是要饿肚子！"

木门再次响起"吱呀"声，伊丽莎慌忙起身走向房子外间。

"伊丽莎，是你么？"一个熟悉的男人声音。

她望着对面的身影惊呼："天呢！怎么是你？"

　　伊丽莎惊呼着与本杰明紧紧相拥。"还好，你是真实的！"她不断重复着，确定爱人是真实存在，才算松了一口气。

　　"我当然是真实的，亲爱的！"他轻拂她长长的卷发，轻柔问道，"宝贝，你是怎么来到这里的？"

　　望着亲密爱人，她倾诉出妈妈和小伊丽莎的幻景，以及如爱丽丝梦游仙境般的经历。

　　"我在今早乘地铁，与你是不同的车站，倒是站台也有个女生唱着关于妈妈的法语歌。上车后我只是看了新闻，突然刹车后就到了这里。"作为律师的本杰明习惯于理性分析着，"这里与我的家乡法国南部完全一样，除了你，我没遇到任何人。奇怪的是无论我怎么走，总是回到这个房子前……"

"除了妈妈的幻景，我还有些奇怪的事情。"伊丽莎快速将本杰明领到里间屋子的餐桌前问道，"你能看到那些食物么？"

"当然，这么丰盛啊！很多像是小时候祖母的菜单呢！你看这个，我小时候最爱的饼干啊！"本杰明兴奋地去拿一块饼干。

伊丽莎屏住呼吸盯紧着他的手，同样是穿过食物而一无所获时，她苦笑着，一边也伸手去演示抓食物的幻影，一边无奈地说，"我试了很多次，这些就是有气味和温度的食物幻影而已！"

"不重要了，咱们先离开房子，想办法回纽约！"本杰明坚定地说。

伊丽莎跟随他向外走，通过连接外间屋的通道时，突然本杰明停下了脚步，对着墙面孩子的照片惊呼，"天呢，这是我！还有这些也都是我！这几个都是我小时候的朋友！这些照片怎么在这里啊！"

就在这时，木门"吱呀"声又一次响起，一个男人站在门口向室内张望。

本杰明警觉地回头望去，紧接着他用法语大声说，"嘿！（Salut！）"

门口的男人怔了片刻，大步向他们走来并且激动地用法语喊着，"本！伊丽莎！原来是你们！"

他是阿曼德，作为本杰明的童年故友，每每相见用母语问候彼此是多年的习惯。三个人激动地相互拥抱着彼此，互诉到达此地的奇遇。作为米其林餐厅主厨的阿曼德也同样在地铁站遇见唱法语歌的女孩，这首他曾听法国女歌手 Louane 演唱的《妈妈》（Maman）被地铁女孩演绎的版本，那种更为忧郁的颗粒感声线，使阿曼德突然想到用母亲们的菜谱为蓝本制作妈妈系列新菜，当他将一些零散的构思记录下时，突然刹车将他带到这里，旷阔的田野里弥漫着这座房子飘出的食物香气，身为星级厨师的阿曼德又怎能抵御诱惑，他想来探个究竟，但没想到却遇到了好友。

"这里的确有很多很多很多的食物，可是，恐怕你会失望了！"伊丽莎说着。

他们来到巨大的餐桌前，在阿曼德未能将惊喜感叹声发出前，本杰明已抢先伸手去拿食物，"兄弟，不要被所见欺骗，一切食物都只是虚假幻像罢了！我俩已经确认过了。"

目睹本杰明的手掌穿过食物幻象，阿曼德向后退了一步，双手按着头，发出愤怒地惊呼，"我的上帝啊，太恐怖了！我始终坚信着食物永远不说谎，可是，这一切真是太恐怖了！"接着，阿曼德冲回餐桌，激动地在空中挥舞双臂，"这是为什么呢？这么美好的食物竟然是谎言啊！看呢，这蛋糕看起来多真实！"他伸手去拿一块胡萝卜蛋糕，此刻的三个人都被震惊了！

阿曼德的手停在半空，指间的胡萝卜蛋糕微微颤动，"哈哈，食物是永远不会说谎的！真的不会说谎！"阿曼德像个孩子一样蹦跳起来，将蛋糕掰开递向伊丽莎和本杰明，"快尝尝吧！食物从不说谎！"

　　迟疑间，他们接过蛋糕，审视着它的真实，伊丽莎首先小心地咬了一口，慢慢咀嚼着，脸庞浮现出笑容，"是真实的，而且非常好吃！"

　　像回到童年与小伙伴分享食物的欢愉，三个人一边吃着蛋糕，一边相视而笑。尽管连阿曼德也不明白，为什么自己的手像被赋予了神奇力量，那些对于伊丽莎与本杰明是幻象的食物，经过阿曼德的触碰却都成为了真实的存在。但他始终自信将任何食材赋予美味和力量是自己天生的长项。

　　"本杰明很早就说，阿曼德天生是个制造味觉奇迹的家伙！原来你还是个魔法师！"伊丽莎笑着。

　　"就像往常一样，你们想吃什么告诉我，为你们做出美味是我的荣幸！"阿曼德说，"不能辜负这么多的食物啊，让我们坐下来吃一些，我想我们也都累了。"阿曼德拿起一块饼干递给本杰明说道，"我记得你最喜欢这种饼干！"

　　"哈哈，你还记得啊！"本杰明咬下一口饼干，他点点头又摇摇头，说道，"太美妙了！但是，不可思议啊，和祖母的味道竟然完全一样！"

　　"我这块馅饼也和妈妈做的一样！"阿曼德说着，"我必须说，虽然我现在是星级厨师，可我依旧觉得，妈妈的味道永远是最好的！而且，在我们的家乡，妈妈们都有自己的秘密食谱！"

　　三个人突然安静下来，追忆起童年记忆里妈妈的味道……

　　"你好！请问有人在么？"门外传来两个女性的声音，"我们迷路了，可以进来么？"

　　餐桌前的三个人站起来对视片刻，伊丽莎先发出回答，"请进！"三个人迎向门口。

　　伴随着"谢谢"，两个年轻的女生走进房间，她们一个金发、一个棕红色头发。

　　"坎蒂丝，是你么？我是伊丽莎！"伊丽莎似乎认出了金发女生。

　　"伊丽莎！太好了！你在这里真是太好了！"坎蒂丝奔向伊丽莎，她们紧紧拥抱彼此，喜极而泣。忽然坎蒂丝想起了什么，对伊丽莎说道，"对了，这是艾力克西亚。"接着，她对棕红头发姑娘说，"伊丽莎，我的好朋友，他们是本杰明和阿曼德！"

　　"到餐桌这边坐吧，我想女士们一定饿了，这里很多食物可以吃！"阿曼德热情得像个主人。

大家聚在餐桌前，坎蒂丝顾不得吃些什么就开始倾诉："我们不知道怎么就来到这里啊！今早上班时，在地铁站台上听到女孩唱法语歌曲，我和艾力克西亚不约而同投币给那个女孩，恰好上车后我们又坐在一起，我俩搭话说起这首歌，艾力克西亚是法国人，给我翻译了歌词大意。之后，我们又一起在手机上找这首歌，也不知怎么地铁突然刹车，就到了这里。看到山坡上的房子，我们决定来求助！但是，没想到你们在这里！"

　　于是，大家各自讲述来到这里的经历。当然，依旧只有阿曼德能为大家"复活"食物，他们就像登上诺亚方舟的伙伴，即便初次见面也没有任何隔阂。

　　"阿曼德，请帮我拿一杯咖啡吧，谢谢！"坎蒂丝说。

　　"愿意效劳！"阿曼德将一杯拿铁咖啡递向坎蒂丝。

　　但是，当坎蒂丝碰触到咖啡杯时，让五个人更加不可思议的事情发生了……

五月虫鸣的月色里，仙女们用笔尖滴下的水彩，一丛又一丛的蓝色点染着水面，层层叠叠沉入晕出了深深浅浅，随即仙女们纵身跃入水中幻化成朵朵蓝色花苞，它们含羞相互簇拥在一起旋转，由外至内争相舒展开来，绽放成花苞外的薄纱花瓣，直到成为蓝色水彩的牡丹花簇时，时空骤然被定格了。如此奇幻绝伦的一幕，呈现在坎蒂丝接过咖啡杯的瞬间。

餐桌前的五个人都被震惊到停止了呼吸，恍然醒来的伊丽莎清了下嗓子，见大家都依旧不语，她笑着调侃道：“好吧，坎蒂丝，你现在和阿曼德一样拥有魔法了！”

阿曼德笑了：“嘿，原来是霍格沃茨魔法学校的校友！”

大家纷纷释然而笑，只有坎蒂丝依旧沉默。过了一会儿，她发出轻而肯定的声音：“如果我说，这些花朵的图案正是从我心里描绘出来的，你们会相信么？”她将杯子放下环视大家继续说，“事实上，刚坐在餐桌前，我已经感到白色杯子和盘子与房间布置的风格不够搭配，于是心中就升起了这些图案啊！随后，这一切就发生了！”

“来，再给我们展示一下你的魔法吧！”本杰明将自己面前的白色盘子递向她。

坎蒂丝抿住嘴唇，将空气深入鼻腔，伸出右手去接过盘子，那白色盘中随即也绽放了花朵，但这次是一簇簇妖娆的蓝色玫瑰花。

“我的天呢，太神奇了！”“好样的，坎蒂丝！”他们惊叹中带着对这一切的肯定。

坎蒂丝站起来，兴奋不已地去触摸每个白色杯子和餐盘，玫瑰花和牡丹花随即纷纷绽放显现，那巨大餐桌如同初夏夜幕的花园，翩翩绽放着蓝色的神奇。

“牡丹和玫瑰，坎蒂丝，为什么是这两种呢？”伊丽莎问道。

“就是牡丹和玫瑰，我不知道为什么，但我的心就想到它们了。”坎蒂丝回答。

“我妈妈最爱的就是玫瑰，牡丹……”伊丽莎说。

“牡丹是我妈妈的最爱！”本杰明快速抢白后，突然又不解道，“这意味着什么吗？”

“无论意味着什么，你们也是让人羡慕的啊！”半天不语的艾力克西亚，将一直合十在唇边的双手放下，手指在面前的白色咖啡杯上反复滑动，她有些落寞，“总之，你们都在这里遇到了神奇，或者拥有了神奇，只有我……”

坎蒂丝走到她身边安慰说：“亲爱的，世上没有真的平凡人，只要不断去尝试，每个人都有自己的魔法！嗯，如果你愿意，我先带你感受一下，好不好？”

坎蒂丝轻握起艾力克西亚的手背，她们将手同时伸向面前的杯子，没有悬念的一朵朵玫瑰如约盛开在杯子上。她举起杯子说，“看，这是我们共同的作品！”

艾力克西亚显出一些满足的微笑，伊丽莎突然拿过杯子高举起来：“你们看到么，这就是她们的共同创作！”

在杯子上，那些绽放的玫瑰中，竟然浮现出由写意手绘波浪所组成的“maman”字母图案。

在曼哈顿中央街（Centre St.）的人行道上，由西向东的远处，目光所及都是那些攀比高度的现代摩天高楼，而脚下的僻静街区上是那幢超过百年的纽约市警察总部大楼，"旧时"与"此时"光对视中，伊丽莎·马歇尔（Elisa Marshall）驻足在一家散发着法国南部气息的古朴小店前。伊丽莎望着头顶的旧木色圆形店招，刻着白色的七重波浪手写体的法文"Maman"，她为年轻的平面设计师艾力克西亚·鲁克斯（Alexia Roux）而骄傲；而窗内串串垂下的蓝白玫瑰与牡丹花纹绽放的纸杯，正是纺织品设计师坎蒂丝·凯（Candice Kaye）设计实力的见证。她"吱呀"推门的瞬间，食物制作与新鲜烘烤糕点混合着各式浓汤的香气扑面而至，这无疑是米其林星级厨师阿曼德·阿纳尔（Armand Arnal）将几个家族的秘密食谱整合后创作的美味奇迹。此刻，她心满意足地欣赏着这里的视觉打造，那白色雕花顶垂下的老吊灯，那庆祝节日般盘旋交错的串灯，那裸露墙砖和褪色木地板，以及独轮木车、旧木箱家具……这里一切设计与构建的细节，都是她和爱人本杰明·索蒙特（Benjamin Sormonte）对家庭温情的诠释。她为这里命名为 Maman（法语母亲），她和她的爱人、朋友们将对家的爱、食物的爱、法国南部风情的爱充满 Maman，用以奉献给他们热爱的纽约，用以作为不曾忘却的童年回忆，用以筑构一个"家以外的家"，用以分享人们最珍视的妈妈的爱。

或许，在那个法国南部度过的梦境中，当他们领悟到海德格尔（Heidegger）所说的，"去真正领会自己的能在""主动"地决定自己的"未来"时，他们不仅从一场"被动"的梦境中奇遇回归，并且也成为"主动"构筑梦境的筑梦师。

而作为发起者和创始人的伊丽莎，邀请她的朋友们发挥各自特长，在 2011 年联手在位于纽约中央街 239 号（239 Centre St. New York）小意大利区的 SOHO 打造了 Maman 梦境空间，以此治愈都市高压节奏中的疲惫灵魂，让每一个访问者能暂别现实生活，沉浸在超越时空的美好梦境里。好像《盗梦空间》里反复转起的陀螺，作为真正的筑梦师，他们给梦境访问者留下了信物，那是数识"Maman"标志的七个波浪，选择继续留下或是在下一刻醒来。

—— **MAMAN NYC** ——

MCNALLY JACKSON BOOKS
52 Prince St. New York, NY 10012

－ 失痕飞行 －

与十九岁少女作家瑞达·富勒的时光飞行

《作家时报》艾力克斯·里奇　美国东部时间 2019 年 9 月 16 日星期五

　　《失痕飞行》已连续四十七周蝉联畅销小说排行榜。故事围绕十九位在世界各地流浪的少女展开，详尽描述不同文化背景下她们的流浪经历，以及不同地域风情中截然不同的流浪生活细节。被刻画的流浪少女们各个鲜活生动，在不断推进的跌宕情节里，清晰可见她们挣扎于外界环境与内心的冲突，寻找自我与社会平衡点的心路历程，同时她们对自由、理想、希望等问题，以及生命所向所归的固有认知发出质问。令读者最为唏嘘的是，作品竟是由一位年仅十九岁的少女作家瑞达·富勒（Rida Fuller）历时九年完成。伴随着人们对作者产生的极大兴趣，各大刊物发出的访问邀请却无一不被她拒之门外。

　　当我意外收到瑞达·富勒回复，才知引发机缘的竟是我"过多复杂的采访需求"。在我发出的约访邀请信里，我不仅需要她讲述灵感的发生缘由，以及九年创作的过程和关键节点，更要求能拍摄到相关讲述内容及她写作生活环境的照片。瑞达回复邮件将采访地点指向诺丽塔（Nolita）的麦克纳利·杰克逊书店（Mcnally Jackson Books），这倒令我感到疑惑。通常，一般引发创作流浪者的相关题材，至少应该是街头、广场和公园，且瑞达的主要创作时期是青少年，通常此年龄段的作者多在家中、校园或花园林间写作。实难想象一家纽约本地的著名独立书店，与书中那些在世界各地的流浪少女产生怎样的关联，且又何以成为瑞达九年写作生涯的"关键节点"。

初秋的凉爽午后，"背"着重重的疑问，我赴约走向王子街52号（52 Prince St.）。远远望见和书中照片相像，简约装扮的瑞达，似乎已早早到来。她的素颜面颊，被店内散出的琥珀光韵映得若月色皎洁，在人流不断的王子街边，她的静打动人心，似立于无人之境般，静静地站在书店湖绿色的矮墙前，如候鸟点水湖面的定格，像雨后浮起湖面的蓝雾，似精灵落入凡间的风景。初见一刻，"她的静"是撼动人心的，但同时又令我担心起"她的静"会让采访变得艰难。还在各番思忖中的我，已然不觉随她进入书店的咖啡区坐下。似是女主人般，瑞达奉上两杯冒着热气的花草茶，她低声像在自语："为茶而感谢上帝！若没了茶，世界会怎样？会怎样去存在？我真高兴在我出生前就有了茶！"停顿一下，她微笑起来，"是不是充满执念感的一段话，这是麦克纳利茶饮菜单上摘自《牧师回忆录》（*Priestdaddy: A Memoir*）的句子，也是因此我第一次尝试喝茶"，她下意识回头向吧台上方看了看，接着说道，"那天是我的生日，爸爸带我来到这里，也是那天我决定开始写作的。"瑞达低头看看杯中晕出的茶色："尝尝，这会儿是刚刚好，然后我带你去一切开始的地方。"

起飞地平线

与《失痕飞行》里的悬念层层截然不同，瑞达很直接且透彻，就像这杯薄荷茶那般甘甜里浮出凉凉的草本香气，似若清晨赤脚踩着草地，令人心间泛起阵阵清爽。如此，见面就主动切入访谈的核心，她既坦率又真诚，我也索性放下备好的提纲，先按她的节奏来展开对话吧。品茶后，跟随她的脚步，边诉说着"在十岁生日那天，父亲第一次带我来到书店"，我们已从咖啡区步入书籍区。走到书店中间的位置，她突然停下，转身望着我，似是立于海的中间一般，缓缓旋转身体展开双臂，故意清了一下喉咙，表情像个孩子般天真，"叮叮叮，欢迎来到我的十岁生日聚会！"面对一脸问号的我，瑞达继续她的十岁生日聚会。

"那天，父亲就在这里，他也是旋转了一圈对我说，'瑞达宝贝，从今天开始一直到你生命尽头，你眼前的这些书，以及躲在世界任何地方、任何角落里的任何一本书，只要你想读，我都会不惜一切代价让你拥有。让书陪伴你！就是我送给你的十岁生日礼物，重要的是，这份礼物永远不会受到时间约束，是一份永远不会停止的礼物……'"

瑞达顿了顿，耸耸肩继续道："那个十岁的我，并不完全明白这礼物是什么！于是，我回答父亲，'你忘记么？我生日愿望是买个哈利·波特的魔法扫把！我喜欢哈利·波特的魔法！'父亲笑了，念出一段魔法'咒语'来……"

"'若栖息无境之时，我们相约星期二，跟随龙卷风与爱丽丝，去问候乞力马扎罗的雪。当游隼飞翔时，夜莺与玫瑰唱起天使望故乡，那是太阳照常升起的伊斯坦布尔，一座城回忆中的堂吉诃德，陪伴梭罗在瓦尔登湖畔追忆似水年华……'这就是父亲的魔法咒语，至今我还能记得，那是一种飞扬在字符间的神奇力量，让我感到好像自己也长出了翅膀，翱翔反转在幻境与现实的天地之间！"瑞达眼中闪出熠熠星光。

瑞达回忆着继续道，"父亲温热的手轻放在我肩头，他又一次捕捉到我内心的微波，于是他说：'刚才那些都是书名，它们是打开魔法世界的'魔法钥匙'，那可是电影里的魔法永远无法匹敌、真正的魔法世界！'"

瑞达从书架上抽出一本书，慢慢反转着封面封底，"父亲还说了一个关于书籍'封面和封底'的秘密使命。他说，书名是魔法钥匙，封面和封底是作者注入书中那些字符精灵的守护者。"她煞是神秘地微笑，"我问父亲，'这里这么多的书，我该怎样开始？该如何学习这些魔法呢？'父亲说道，'瑞达，你依据书名找到你想进入的世界，翻开封面后你被邀请连线与作者超越时空的灵魂对话，从地平线起飞心之所向。过去你的年龄太小了，所以是我将书带给你，是我设定了你的飞行，今天开始，你可以开始真正的自由飞行！宝贝，去选择一些书，朝向你想要飞行的世界，我就在咖啡区那边等你。'"

瑞达停下来，对我说着："现在，你也可以去咖啡区等我，我把生日那天选的书带给你，然后告诉你之后又发生了什么。"

我点点头走向咖啡区，在经过一排排书架时，也不由自主地拿起几本，一直都在读电子书的我，再次感觉到书籍的重量，触摸久违的纸张，竟有些重逢故友的兴奋与感伤。

瑞达带回了两本书。

她将上面一本拿起，"《飞鸟集》，是不是看着书名就觉得很切合起飞，更重要的是，当我翻开书看到这行字，那一刻我真实感到字符精灵的魔法，觉得自己离开了地平线！"她打开第一页，上面赫然灵动着也曾让我动容的诗句，令我们几乎一起读出来，"天空没有留下翅膀的痕迹，但我已飞过"。彼此会意地望着笑了，无需多言，《无痕飞行》当然是源自泰戈尔（Tagore）的诗句。

第二本书被她拿起时，我惊讶地呼出："怎么会是这本书？你那时才十岁啊！"

"真的就是个意外，当时选了历史性文学批评专著《认识狄更斯》（Knowing Dickens），纯粹是想着这么厚的书只是要认识一个人，这个狄更斯也许很有趣。"她坦诚地笑，"里面很多故事的确有趣，但有些论述也很难读，却也帮助我形成了一套文学学习的体系……"

我恍然想到些什么而打断了她："你书里的乌拉、尼亚双胞胎姐妹，是不是出自'乌拉尼亚小屋'（Urania Cottage）？"

"是的，她们以狄更斯为流浪女性建造的小屋命名。"瑞达补充说。

"那么，就是这令你决定写作流浪者的？"我追问道。

"不是，很久后才读到这段。一切还是缘自十岁生日那天。"瑞达继续回忆着，"推开书店的门，暴风雪已飞舞漫天，父亲脱下外套要裹住我，一个微弱声音传来：'天空没有留下翅膀的痕迹，但我已飞过……'廊檐下是穿着单薄破旧衣服的黑人流浪女孩，正侧身借着书店灯光安静地读诗，似乎完全不觉那风雪交加的寒冷，尽管她的身体不禁瑟瑟发抖。那瞬间，真实的书籍魔法就在眼前。我把父亲的外套拿给她后，与父亲向地铁站走去。迎着阵阵刺向脸颊的冰凉，我紧紧地抱着怀中依旧温热的两本书对父亲说：'爸爸，我想写本书，将我的精灵放在里面，这本书的魔法钥匙就叫做《无痕飞行》。'"

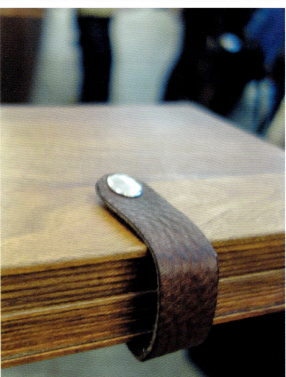

穿越天际线

泰戈尔说，神从创造中找到他自己。我说，我从梦想中找到我自己。她们说，她们从流浪中找到自己。

——瑞达·富勒

"所以，促使你瞄准全球各地流浪少女是因为十岁生日遇到的流浪女孩么？"我问瑞达。

"还记得《这个杀手不太冷》的对白么？小女孩问莱昂，'生活总是如此艰难，还是因为你仅仅只是孩子？'莱昂不假思索回答她，'一直如此。'"瑞达停顿下来，垂下的眸子似已穿透过桌面到地球的另一端。突然，她带着星星的光芒回归地直视我："所以，卡夫卡（Kafka）告诉我们，'既然如此，更不必绝望，也不要为你之不绝望而绝望。在一切似乎行将终结之际，总会有新的力量相继而来，而这意味着，你还活着。'这些话是多么有力量的魔法啊！我在写作时访问的那些流浪女孩，都是负着伤痕累累的痂，不断迎接生命的刺痛，也绝不放弃去追逐遥远的那一束光。她们是用自己去实现了这样的力量，不是么？"瑞达深吸了一口气，一字一句着重继续道，"我，相信她们永远不会遭遇真正的失败。即便，每夜都有星辰的陨落，但每一天的早晨，太阳依旧，如期而至。"那些话让她年轻的面庞泛起微微的粉红，如是正在绽放的五月花朵。

十九岁的女孩，该有这般的充满光亮，却罕见这般的透彻思考，除了父母良好的教育，就像"Reda"名字的意味，她是带着神的宠爱出生。

想到这儿，我回转到访问者的思路里："人们都在说你是个天才作家。你怎么看？"

"我不认为有天才，尤其是文学，否则天才从牙牙学语时就已经写作了。我想，所谓天才说过，那从心中生出的文字，何以不是在巨大的阅读量和深度思考中产生，任何伟大作家的传记也都证实，他们曾付出超乎寻常的不懈努力。"瑞达停了停，"起码，我不是天才。我在书店和图书馆比在学校的时间和家里都要久，研读笔记也超过一百本，还不包括观察生活细节引发的灵感记录日志。我在图书馆是阅读基础的各种类书籍，更适于研究；而麦克纳利书店更专注文学，他们按国别进行区域分类，几步之遥就已踏遍世界。对我而言，是极度有针对性的学习，同时他们将相同地域的作者聚集，就能轻易分辨作家故土对其风格产生的影响，甚至是哲学和批评类的作家，都能带着随之涌动在字里行间的变化，讲述他自身经历的成长轨迹。那些是引领我一次次穿越国界、种族、时代影像等的文字飞行。比如，作家原生在英国，文字就有一种冷雨中的忧郁理性，日本作家有岛国樱花的凝思旖旎，法国作家有那种阳光美食中的浪漫不羁，而北欧作家总带着极夜白昼的冷峭静谧。作家身处的客观环境、思索深度、情感纠葛都能细微显现在他们的文字、句式和标点方式上。事实上，当我看到人们评价我和我的书是'天才'和'神作'时，我总是想到，泰戈尔说，'神从创造中找到他自己'。我说，'我从梦想中找到我自己'。她们说，'她们从流浪中找到自己'。我必须诚实，这本书是受到泰戈尔的启发，我和她们共同创作的。"瑞达顿了顿，低头微笑。

"你刚才说的'她们'，该是你书中的主人公，对吧。她们是涉及数十国家和城市的流浪少女们，她们是真实还是虚构？若是真实，你是如何做到的，毕竟你还是个孩子。"我继续直抵读者们的争论核心。

"确实是！素材对我来说确实是最艰难的部分，缺乏时间更是巨大的障碍，需要高度精密的规划来弥补。最初，父亲陪同我到纽约及本州的街头做访问收集。只有长假期才能远行到美国以外的地方，所以，平日我会利用书店网站的功能，搜索目的地相关的书籍清单作粗略筛选。整个周末我都会待在这里。"瑞达回头指着书店后方桃木色的整排书架，"你看，那片区域是品牌化的旅行指南，我会参照着做详细旅行计划，那里还集合大量关于某地从古至今的作家们所撰写的旅行性文学和历史性书籍，他们让我深度了解到当地风土，只有突破文化的隔阂，才能有真正深度的访问。"她停了停，有些无奈地笑着继续说道："十年级后，我的学业压力太重了，精力再难两全了，我就跟父母商量辍学，想专心把这本书创作完成，没想到他们会同意，事实上这引起我家的重大变化。母亲重新去上班，父亲辞去高收入的广告公司设计总监职位，专门为我做助手，规划旅行细节、帮我整理书稿，还要承担照顾我的一切琐碎事务。所以，我的旅行全部是真实的，但人物和故事是穿插了虚构、交错了真实的复杂整合。去写作故事，逻辑是绝对的必要，毕竟现实发生总是真正的荒诞，马克·吐温也这样说的，不是么？"

"那么，可以透露你的下一个目标么？或者，说说你的生活好么？"我问。

"我在筹备第二本书，同时准备 GED 考试，我不会放弃大学教育。我的目标是，努力减少睡眠时间。哈哈，除了做梦还算有用，我觉得那是浪费生命。"瑞达耸耸肩，似乎也表示对自己无奈，"对了，我也很好奇，作为职业记者，你会经常去各种书店，有推荐给我的么？"

"嗯，我很少来书店，主要买电子书。"面对她的好奇，我有些尴尬地回答。

"太可惜了，电子书虽便捷，但版本太少！你看这里有超过 55000 本书，仅文学作品就超过 14000 本，除了英语版，还有法语、西班牙语等等版本。楼下是按学生年级分类的读物，还能参与各种类型的活动，那些著名作家的签售、读书会让我得到很多签名……"瑞达像个书店女主人般的自豪。"你看这个天花板，那是一串串在降落中展开的书籍定格，"她举起双臂仰起头，接着又转身用手指划过背靠的墙壁，"你摸，这是真正被展开的书籍，这样的书籍墙，像是一场书的聚会演出？我喜欢闻着书籍与咖啡的气味，闭上眼与书籍一起悬浮，冥思喜马拉雅转经筒经文的旋转，享受直觉生命意义的时刻。"

"对了，等下！"她站起来走向吧台，带回两杯咖啡、香蕉酸奶、奶酪蛋糕和巧克力欧包，"我差点儿忘记，这里的点心和简餐，味道相当出色！大多纽约书店我是常客，可我敢说，这里的味道是最棒的！"瑞达深深喝下一口咖啡，也更加兴奋起来，"最近，我特别着迷精品咖啡的一切，这里用的是 Stumptown 的咖啡，那种强烈而浓郁的风味表现！简直是太棒了！我想我已经爱上 Stumptown 的创始人杜安了，他对咖啡品质的痴迷，他成就出的非凡味道……痴迷是一切非凡的开始！就像莎拉·麦克纳利（Sarah McNally），这家书店的女主人，来自加拿大连锁书店的家族，她痴迷于书籍和书店的一切细节，连菜单也要以文学名义去演绎。你注意到食物菜单写了什么？"没等我回答，瑞达就小说主人公的口吻道来："人们常说，纯洁的良心使人快乐和满足，但是填饱肚子也能达到，还可付出更少代价，也更容易获得。"

这是引自幽默小说《三人同舟》，也是我在贪吃美食时总会浮现的一段。随后，瑞达一会儿让我试试这个，一会儿让我尝尝那个，完全是个十岁小女孩兴致勃勃分享食物的模样。

　　如她所言，这杯咖啡是非凡的，有着一种烤果干的味道，而酸奶和蛋糕也能咀嚼出天然鲜甜。在我的赞不绝口中，瑞达也乐在扮演店主的角色里，她指着靠窗的一台精密机器："你知道，这台浓缩咖啡图书印刷机（Espresso Book Machine）能自行'出版'书籍，如果不是编辑的及时出现，它就会是印出我第一本书的印刷机。其实，我还是感到遗憾！"

　　瑞达将自己面前的食物移开，将手肘放在桌上交叉着手指，一脸郑重地告诉我："你知道么？我拒绝了所有的访问，关于《失痕飞行》这本书，你是，也将是我唯一的访问者。只有你提出，让我讲述和必须拍摄到这本书的灵感、写作过程和环境，我想告诉读者们真实的、完整的发生。说实话，我没时间接受反复的访问，或是分享某些经历的段落，那样断章取义的访问我觉得毫无意义。同时，我感恩有这样一家神奇的书店，带给我从学习写作、规划旅行到阅读书籍，甚至补充味觉的需求。我爱这里，于我而言，于写作而言，这是比居所还要重要的身心之地。所以，我要感谢你'过多而复杂的采访要求'，让我有机会告诉读者一个真实的我。"

无痕飞行

或曾想过，上一刻，咖啡唤醒世界；下一刻，书与灵魂无痕飞行。——瑞达·富勒

"好的，我尊重你的心情，会完成你的要求。"我对她承诺着。"最后一个私人问题，刚才我发现这里没有 Wi-Fi。若每天长时间在这里，你就无法接收网络信息，还会滞后很多新闻，你是故意和世界失联么？"

"我只是不沉迷网络，因为书籍让我学会不拘于从屏幕探知真实，不只是通过屏幕去思考，形成自己对世界的认知。我通过书籍打开我自己可以去自由形成的无限。书无论过了多久都是有生命的，书是可以通过真实的触摸，感受在腿上和手掌上的重量，闻到气味，甚至品尝它们……我真的试过去尝，妈妈说，我在读第一本幼儿读物时就咀嚼它。"她爽朗地笑了，清了清嗓子继续说，"通过真实感知去阅读抽象，形成真正属于自己的形象与思索，待以回归现实世界后，再去观察、思考、辨析……成为自我的认知世界，创作出抽象字符来表达……像是一场接力，其中每个阶段都是新的创造与创作，这是我喜欢的方式。"

瑞达凝视着我的眼睛，却似乎又穿透了我凝视着遥远的远方。

她说，"你知道，现在的世界，确实被网络拉近所谓信息的距离、人的距离，但反而被剥夺了真正的真实，那些人与人之间彼此可感知的对视、温度、气味，那些人与事物之间通过感知形成的喜爱或厌恶，你又怎能透过一张屏幕而相信？甚至，你完全不可能知道，那屏幕后面到底是什么？如今的现实是，我们正在通过网络被一张张屏幕所控制，一切出现的信息和画面，大多是被人故意的、有目的的去圈定的'真实发生'。无论如何，我不想做屏幕前的接收者，那是不自由的生活。像最近我正在痴迷的精品咖啡，咖啡的味道，让你清晰知道，它们来自哪里，经过什么样的处理方式，甚至是瑕疵，一切通通能被味觉捕捉，这也就是我书中乌拉、尼亚以及她们的朋友们所追求的那束光，哪怕伤痕累累也要奋不顾身去获得认识生命、体味世界的真实。"

第二天，我来到 Mcnally Jackson Books，喝着咖啡完成与瑞达午后对话的撰稿。之后，我尝试让自己与网络世界失联，翻开《无痕飞行》，将瑞达的字符精灵捧于掌心，回归到书的魔法世界。当细细感知她的不凡文字，让指尖滑动着页面的边沿，随着呼吸交替感受着书的体温，而触动的手指又将它回馈给身体，在手指往复的循环里，毫无拘束地穿越在她建构的灵动故事中，我沉浸在流浪少女的旅行时空里。伴着咖啡机发出的蒸汽之声，伴着研磨豆子散出的自然之气，伴着咖啡杯壁上超出体温的热度，伴着滚动在口中咖啡的平衡浓郁，我感到自己的真实正在被慢慢唤醒。

记起我和瑞达临别拥抱时，她在我耳边说：

上一刻，让书籍领飞灵魂；

下一刻，让咖啡唤醒世界。

—— MCNALLY JACKSON ——
BOOKS

关于作者

■ 刘 博 (ADORA)

咖啡产业发展研究者，专注于全球咖啡产业、商业发展研究。以独立研发的咖啡品牌商业运营解构系统，对全球咖啡品牌进行探访与解构。

无国界咖啡人创始人
SCA 咖啡专业学位
国际精品咖啡协会 SCA-AST 考官
GCTC 金杯大师认证官

图书在版编目（ＣＩＰ）数据

逆光之城 / 刘博著 . —— 上海：上海文化出版社，
2021.1

ISBN 978-7-5535-2181-7

Ⅰ . ①逆… Ⅱ . ①刘… Ⅲ . ①咖啡馆 – 商业经营

Ⅳ . ① F719.3

中国版本图书馆 CIP 数据核字 (2020) 第 256679 号

出 版 人：姜逸青
责任编辑： 罗 英
摄影、设计： 李 越

书 名：逆光之城
著 者： 刘 博
出 版：上海世纪出版集团 上海文化出版社
地 址：上海市绍兴路 7 号 200020
发 行：上海文艺出版社发行中心
　　　　上海市绍兴路 50 号 200020 www.ewen.co
印 刷：上海雅昌艺术印刷有限公司
开 本：889 X 1194 1/20
印 张：13.3
印 次：2021 年 1 月第一版 2021 年 1 月第一次印刷
书 号：ISBN 978-7-5535-2181-7/TS.075
定 价：138.00 元
告 读 者： 如发现本书有质量问题请与印刷厂质量科联系 T: 021-68798999